La presqu'île aux yeux clairs

Les Wikings dans le Cotentin

Illustration de couverture :
La carte du département de la Manche rehaussée de la photo d'Albert Scelles, Mort pour la France en 1918.
Montage réalisé par René Renard.
Collection particulière.

Jacques Marcel Renard

La presqu'île aux yeux clairs

Les Wikings dans le Cotentin

Ouvrage publié avec le concours
du Centre Roland Mousnier
et de
l'Institut de recherche sur les Civilisations de l'Occident moderne

KRONOS

Cent-troisième volume de la collection Kronos
fondée et dirigée par Éric Ledru

SPM
2017

Kronos n° 103
ISSN : 1148-7933
ISBN : 978-2-917232-72-9

Éditions SPM 16, rue des Écoles 75005 Paris
Tél. : 06 86 95 37 06
courriel : Lettrage@free.fr - site : www.editions-spm.fr

DIFFUSION – DISTRIBUTION : L'Harmattan
5-7 rue de l'École-Polytechnique 75005 Paris
Tél. : 01 40 46 79 20 – télécopie : 01 43 25 82 03
– site : www.harmattan.fr

Sommaire

Introduction

En novembre 2011, j'écrivais à M. Désiré dit Gosset, alors archiviste départemental de la Manche, pour lui exposer un projet de recherche que je souhaitais développer à partir des registres matricules du département de la Manche. Ce nouveau chantier de démographie historique devait porter particulièrement sur la notion d'isolat, au sens génétique du terme, de diverses sous-régions du département de la Manche, dont les limites avaient déjà été entrevues dans l'étude des échanges matrimoniaux entre communautés sous l'Ancien Régime. L'idée force était de vérifier si la répartition géographique des caractéristiques physiques fournies dans les registres matricules était aléatoire ou si l'on observait au contraire des « coagulations » pour un caractère donné dans un secteur cohérent. En d'autres termes, cette répartition avait-elle un sens et pouvait-on le cas échéant retrouver l'origine de ces concentrations. La mise en évidence de sous régions géographiques pourrait servir de base à une seconde phase du projet, plus ambitieuse de par l'ampleur de l'investissement documentaire, qui consisterait à mesurer le lien entre stock génétique et attitudes devant la vie, ou plus généralement attitudes culturelles (échanges matrimoniaux, conceptions prénuptiales et illégitimité, comportements contraceptifs, respect des temps clos, etc.) au travers d'une reconstitution exhaustive de la population[1].

Pour réaliser ce projet, la numérisation des registres matricules était indispensable car il m'était impossible de travailler aux Archives de la Manche, ayant des charges horaires importantes en Italie. D'autre part, je ne disposais pas, dans mon laboratoire de recherche, d'un train de vacations suffisant pour faire dépouiller cette source par un chercheur sur place.

1. Cette seconde opération a déjà commencé. Il s'agit de reconstituer de manière généalogique la population du Cotentin à partir des registres paroissiaux d'un peu plus de 300 communes contiguës depuis le début du XVIIe siècle jusqu'au premier conflit mondial. À ce jour, plus d'une vingtaine de communes ont été reconstituées.

Il me fallut attendre quelques mois avant de pouvoir entamer ce projet car la numérisation des registres matricules débutait peu de temps après ma demande[1].

Ce projet a croisé récemment une étude menée par l'université anglaise de Leicester et le Centre de Recherches Archéologique et Historique Ancienne et Médiévales (CRAHAM) de l'université de Caen pour retrouver les origines scandinaves dans la population du Cotentin. L'objectif de cette étude franco-anglaise est de mieux connaître l'empreinte laissée par les Vikings dans la presqu'île. L'héritage Viking, en particulier dans le Cotentin se lit au travers de nombreux noms de lieux, de mots ou encore de noms de familles, mais quelle a été la contribution réelle des Vikings au patrimoine génétique des hommes du Cotentin ? Telle est la question posée par ce groupe de chercheurs. Les conclusions de cette enquête représenteront peut-être des clés explicatives pour certains des découpages géographiques que les registres matricules permettront de définir.

Dans la démarche scientifique de ce groupe de recherche, comme dans la nôtre, il n'y a aucune fascination particulière pour les « grands blonds aux yeux bleus mais bien une volonté d'étudier l'héritage des populations européennes dans toute la variété de ses composantes »[2].

En effet, il ne s'agit pas de fixer les limites d'une expansion nordique au détriment d'une population précédemment installée, ni d'opposer une population à une autre. La fusion entre les populations autochtones et les vagues successives d'immigrants ne fait aucun doute. Les différences observées dans la répartition des caractéristiques physiques ne peuvent être que le reflet d'un effet de concentration, dans lequel le dénominateur prend toute sa place, nous y reviendrons.

Je n'ai donc pas l'intention d'entrer dans un débat identitaire « nordiste », ce qui m'intéresse ici, c'est la notion d'isolat génétique, si isolat il y a eu. Comment certains caractères physiques ont t-ils pu se maintenir pendant des siècles ? Telle est la question centrale de cette recherche.

L'hypothèse sous-jacente est que le patrimoine génétique de la population de la Manche n'a pas connu de grands bouleversements au cours des siècles. La position géographique de la presqu'île est un début d'explication, mais il n'est sans doute pas suffisant pour comprendre cette

1. Depuis le début de l'été 2013, le portail des archives de la Manche accueille ses premiers registres matricules militaires.
2. Selon Julien Deshayes, propos recueillis et publiés par Pierre-Marie Puaud, pour France3 Normandie le 22 avril 2015.

permanence. Le second facteur explicatif est peut être la pauvreté du sol qui peut engendrer le peu d'attrait pour un potentiel immigrant. Le troisième facteur est sans doute la démographie. Je m'explique. La Manche maintient jusqu'à la fin du XIXe siècle une forte fécondité, sans commune mesure avec d'autres réalités normandes comme le pays d'Auge par exemple. Elle a par ailleurs réalisé assez tôt, c'est-à-dire dès le Moyen-âge, le « monde plein » cher à Pierre Chaunu. La Manche est donc plutôt un espace de départ, un pays exportateur d'hommes, ce que nous allons mettre en évidence au travers de l'étude des registres matricules. Ainsi, la dernière vague migratoire d'importance remonte probablement à l'époque de la déferlante scandinave des Xe et XIe siècles. Dans cette perspective, les apports extérieurs limités n'ont sans doute pas modifié profondément le génome collectif de cette population au cours des siècles suivants. Enfin, ne perdons pas de vue, que neuf siècles ne sont en fait que 35 à 40 générations, une nanoseconde dans l'évolution humaine, limitant ainsi les effets de dérive génétique. Le temps génétique est un temps très long.

I

Les registres matricules

1 - Des sources sérielles homogènes

Pour étudier la localisation géographique des caractéristiques physiques des individus, il nous fallait disposer d'une source qui offre une série continue et homogène dans l'espace et dans le temps. C'est pourquoi notre choix s'est porté sur les listes du contingent départemental de la garde mobile de la seconde moitié du XIXe siècle car, même si certains documents plus anciens fournissaient des informations « de signalement» (taille, couleur des yeux et des cheveux) des hommes recensés, les listes du contingent étaient les premières séries complètes à l'échelle d'un département. Les plus anciens registres concernent les hommes nés dans les années quarante du XIXe siècle, en amont des grands mouvements migratoires de la seconde moitié du siècle.

a - Origine de ces registres

La victoire de la Prusse sur l'Autriche à Sadowa le 3 juillet 1866 fit prendre conscience à l'empereur Napoléon III des carences de l'armée française et de son infériorité face à l'armée prussienne en cas de conflit. La Prusse avait opté pour un système de recrutement fondé sur le service obligatoire alors que la France y avait renoncé pour revenir à une armée quasi professionnelle. Or le système français avait révélé à plusieurs reprises son incapacité à fournir des soldats instruits en nombre suffisant (Crimée, Italie).

En effet, la seule réserve de l'armée française était constituée par la fraction de contingent incorporable mais non incorporée pour des raisons budgétaires. Une fois le service terminé, les obligations disparaissaient complètement et par ailleurs les deux tiers de Français libérés par le tirage au sort n'en avaient aucune.

Napoléon III confia au maréchal Niel le soin de modifier profondément ce système. Mais, devant les fortes résistances du gouvernement et le rejet de l'opinion, la réforme de Niel ne put aboutir qu'à un compromis qui ne répondait pas aux attentes. Il proposait qu'une fraction de chaque classe serait appelée pour un service de cinq ans dans l'active, puis de quatre ans dans la réserve. La seconde fraction entrerait directement pour quatre ans dans la réserve. On pouvait toujours échapper à l'incorporation dans l'active en versant à l'État une somme forfaitaire (exonération) et à l'incorporation dans la réserve en se trouvant un remplaçant.

Néanmoins, les exonérés et les remplacés seraient affectés pour cinq ans dans une garde nationale mobile, astreinte à des exercices et utilisée, en cas de guerre, à la garde des places fortes, des frontières et des côtes et au maintien de l'ordre à l'intérieur. Les réservistes ayant sauté l'étape du service actif, après leurs quatre ans dans la réserve, y seraient également versés. Au sortir de son examen en commission, le projet était complètement défiguré.

Dans la loi finalement votée le 1er février 1868, le tirage au sort et le remplacement étaient maintenus. Il ne restait qu'une caricature de garde mobile, constituée des bons numéros, des remplacés et des volontaires. Ainsi, comme le rappelle Francis Choisel, « le système de recrutement qui n'était encore que celui de 1818 et de 1832 ne permit, en août, d'aligner sur le Rhin que 250.000 hommes (alors que la loi Niel en aurait fourni 1.200.000 en cas de mobilisation) face à plus de 500 000 Prussiens en première ligne. En un mois, l'armée française avait cessé d'exister »[1].

b - Les registres de « la Mobile »

Créés selon les prescriptions de la loi Niel de 1868, les premiers registres devraient être logiquement postérieurs à cette date. Pourtant, les premiers registres ont pour millésime 1864.

En vérité, les registres du contingent départemental de la garde nationale mobile furent constitués de manière rétrospective pour les années 1864 à 1867. Ces registres plus anciens ont été constituées à partir de mars 1868, c'est-à-dire juste après le vote de la loi Niel en février de la même année. Les dates de clôture de ces listes en témoignent. Ainsi, pour les listes de l'année 1864, les dates de clôtures indiquent toutes le mois de mars 1868.

1. Francis Choisel « Vous voulez faire de la France une vaste caserne », *Revue Armées d'aujourd'hui*, n° 31, juin 1978.

Illustration 1 : Clôture de la liste de 1864

La présente Liste du contingent du canton d Saint Pierre Eglise close et arrêtée par les Membres du Conseil de révision en séance à le Neuf mars 1868.

Liste de la Garde Nationale Mobile pour l'année 1864, canton de Saint-Pierre-Eglise, close le 9 mars 1868

Un autre indice est fourni par la calligraphie. Deux scribes se relayent pour compiler l'ensemble de ces registres dont l'un est facilement reconnaissable par sa manière d'écrire la lettre « R » toujours en majuscule même à l'intérieur d'un nom.

Ces premiers registres fournissent des informations moins riches, notamment sur l'état signalétique des services pour les années 1864-1866. Ils mentionnent tout de même les noms, prénoms, filiation et qualité du conscrit, et des renseignements sur son physique[1].

À partir de 1867 seront ajoutées les campagnes militaires, les blessures, décorations ou condamnations, ainsi que ses adresses successives dans la période de réserviste.

Les registres matricules ont été établis à partir des listes élaborées à l'échelon communal, puis cantonal et rassemblées au chef lieu de l'arrondissement dans le bureau en charge des affaires militaires[2].

De 1867 à 1880, les tables alphabétiques sont intégrées à la fin des registres matricules. Ensuite, elles constitueront une série de registres à part. Les tables et registres sont classés par arrondissement et par année d'incorporation, qui correspond à la vingtième année à compter de la date de naissance des conscrits. Ces derniers sont recensés dans leur lieu d'habitation et non dans leur lieu de naissance au moment de leur recensement. Cette information est particulièrement intéressante car elle nous permet de mesurer la mobilité des jeunes hommes à cette époque.

Ces registres, d'un format d'environ 25 cm par 36 cm, étaient fabriqués à Saint-Lô par l'imprimerie d'Elie[3].

1. Les registres matricules contiennent des informations à caractère personnel, dont certaines de nature judiciaire ou médicale. En conséquence, chaque feuillet matricule n'est communicable qu'après un délai de 120 ans à compter de la date de naissance de l'intéressé ou 25 ans à compter de son décès.
2. Les registres matricules sont versés aux archives départementales par le Bureau central des archives administratives militaires 72 ans après l'appel de la classe.
3. Imprimeurs et éditeurs, d'Elie et fils ont publié de nombreux ouvrages, des revues, des textes législatifs et le célèbre annuaire du département de la Manche.

Illustration 2 : Imprimerie d'Elie.

7343 — Imprimerie d'Elie fils, à Saint-Lo, rue des des Prés, 5.

c - Circonscriptions et cantons

De 1867 à 1901, le département de la Manche est divisé en trois circonscriptions militaires composées des cantons suivants :

Tableau 1 : Circonscriptions et cantons entre 1867 et 1901

Circonscriptions et cantons entre 1867 et 1901		
Cherbourg	**Saint-Lô**	**Granville**
Barneville	Bréhal	Avranches
Beaumont-Hague	Canisy	Barenton
Bricquebec	Carentan	Brécey
Cherbourg	Cerisy-la-Salle	Ducey
Les Pieux	Coutances	Granville
Montebourg	Gavray	Isigny-le-Buat
Octeville	La Haye-du-Puits	Juvigny
Quettehou	Lessay	La Haye-Pesnel
Saint-Pierre-Église	Marigny	Le Teilleul
Saint-Sauveur-le-Vicomte	Montmartin-sur-Mer	Mortain
Sainte-Mère-Église	Périers	Saint-Hilaire-du-Harcouët
	Saint-Clair-sur-l'Elle	Saint-James
	Saint-Jean-de-Daye	Saint-Pois
	Saint-Lô	Sartilly
	Saint-Malo-de-la-Lande	Sourdeval-la-Barre
	Tessy-sur-Vire	
	Torigni-sur-Vire	

Carte 1 : Circonscriptions et canton en 1867.

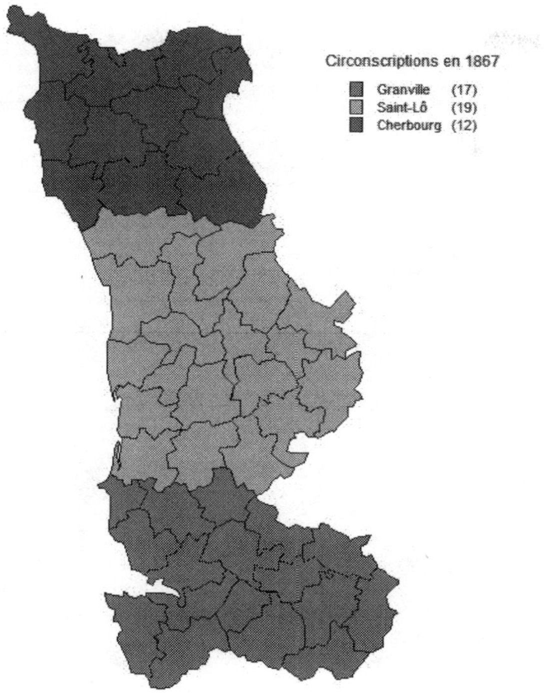

Le nombre de cantons d'une circonscription à l'autre est très variable. La circonscription de Cherbourg est composée de 12 cantons alors que celle de Saint-Lô en possède 19. Cette disproportion explique les variations observées dans les effectifs des conscrits recensés.

Tableau 2 : Conscrits recensés selon la circonscription et selon l'année.

Circonscriptions				
Année	Cherbourg	Saint-Lô	Granville	Total
1864	476	582	475	1 533
1865	510	689	594	1 793
1866	553	676	639	1 868
1867	696	874	786	2 56
1868	663	903	779	2 345
1869	706	983	885	2 576
Total	3 604	4 707	4 158	12 469

Illustration 3 : Registre de la garde nationale mobile en 1867

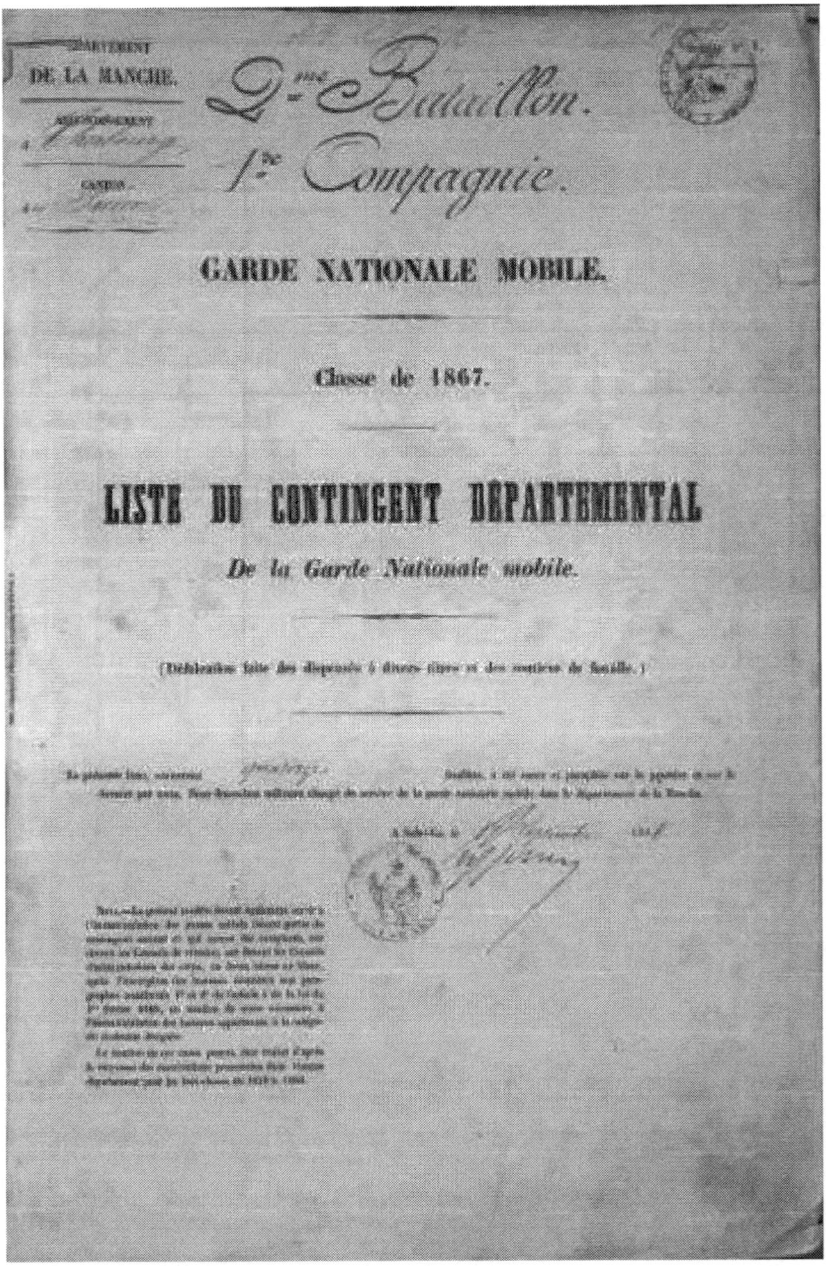
DÉPARTEMENT
DE LA MANCHE.

2me Bataillon.
1re Compagnie.

GARDE NATIONALE MOBILE.

Classe de 1867.

LISTE DU CONTINGENT DÉPARTEMENTAL

De la Garde Nationale mobile.

De 1864 à 1866, chaque page contient 5 conscrits. À partir de 1867, ils ne seront plus que 4 et occuperont les deux pages (à gauches l'identité, à droite le parcours militaire).

Illustration 4 : Évolution des registres

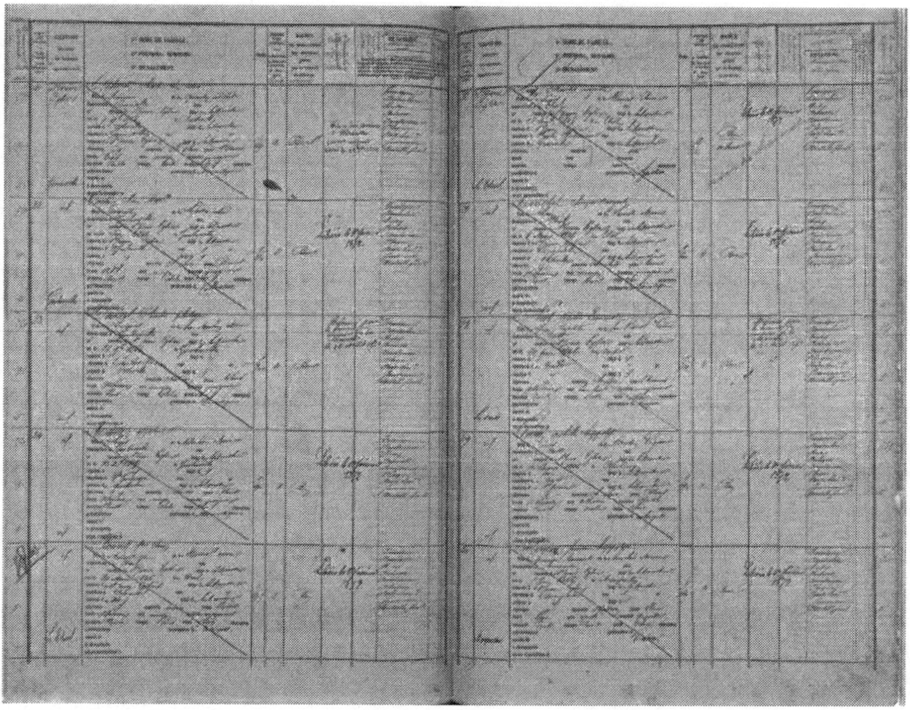

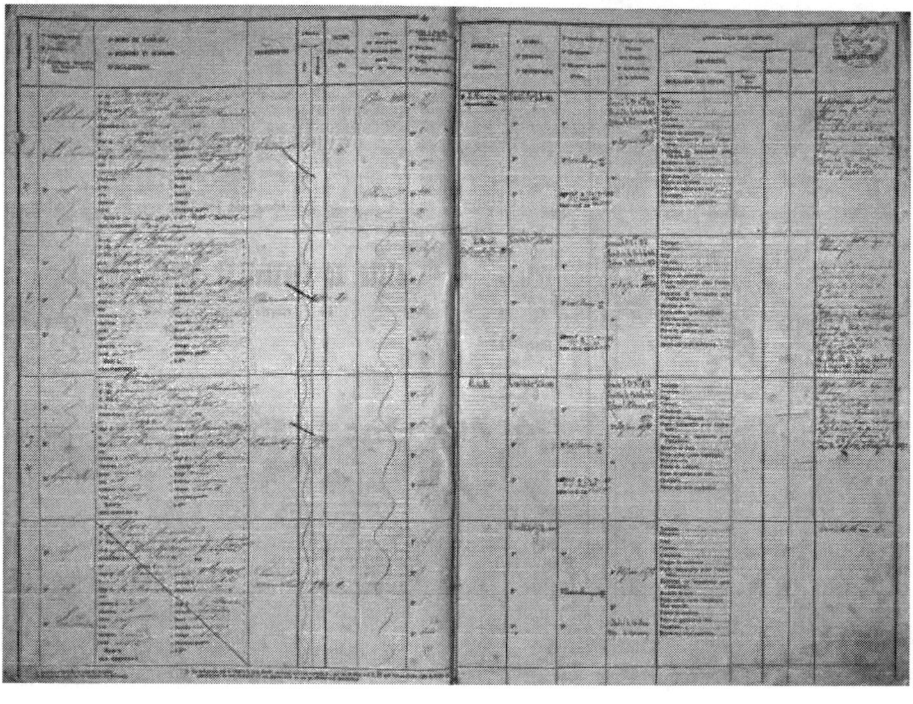

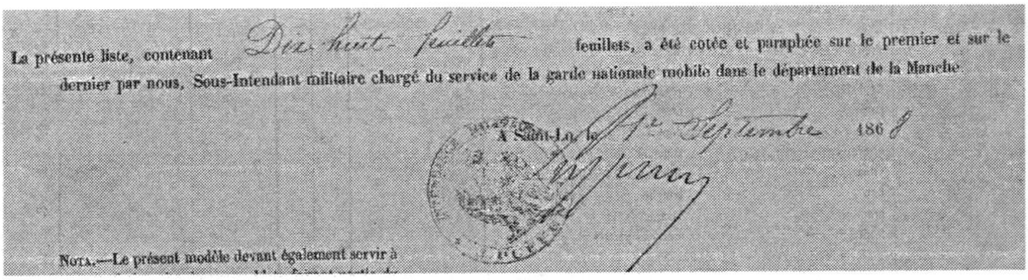
La présente liste, contenant Dix-huit feuillets feuillets, a été cotée et paraphée sur le premier et sur le dernier par nous, Sous-Intendant militaire chargé du service de la garde nationale mobile dans le département de la Manche.

A Saint-Lo, le 1er Septembre 1868

Nota.—Le présent modèle devant également servir à

Liste de la Garde Nationale Mobile pour l'année 1867, canton de Cherbourg, close le 1e septembre 1868

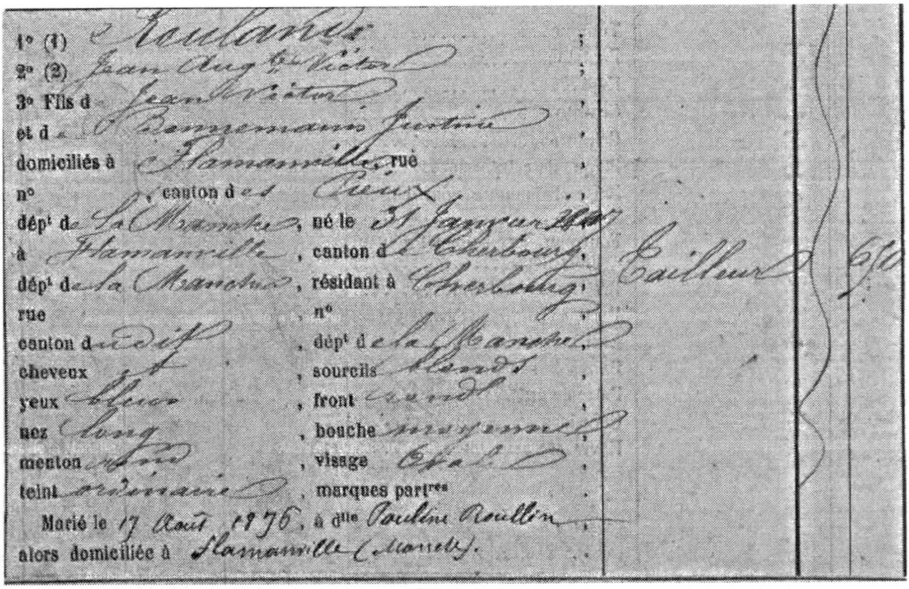
1° (1) Roulardes ;
2° (2) Jean Aug^te Victor ;
3° Fils de Jean Victor ,
et de Bonnemains Justine ,
domiciliés à Flamanville, rue ,
n° , canton des Pieux ,
dép^t de la Manche, né le 31 Janvier 1847
à Flamanville, canton de Cherbourg,
dép^t de la Manche, résidant à Cherbourg,
rue , n° ,
canton de id., dép^t de la Manche,
cheveux id., sourcils blonds ,
yeux bleus, front rond ,
nez long, bouche moyenne ,
menton rond, visage ovale ;
teint ordinaire, marques part^res ,
Marié le 17 Août 1876, à d^lle Pauline Roullin ,
alors domiciliée à Flamanville (Manche).

Tailleur

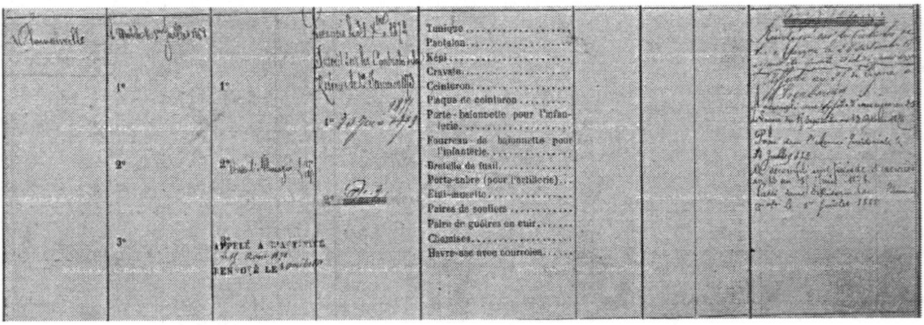
1° 1°
2° 2°
3° Appelé à l'activité ... Renvoyé le ...

Tunique
Pantalon
Képi
Cravate
Ceinturon
Plaque de ceinturon
Porte-baïonnette pour l'infanterie
Fourreau de baïonnette pour l'infanterie
Bretelle de fusil
Porte-sabre (pour l'artillerie)
Étui-musette
Paires de souliers
Paire de guêtres en cuir
Chemises
Havre-sac avec courroies

2 - Présentation des données recueillies

Pour obtenir un échantillon qui permette de réaliser une analyse fine, en évitant d'obtenir des résultats incertains aux d'intervalles de confiance trop importants, nous avons relevé la totalité des hommes recensés entre 1864 et 1869 c'est-à-dire nés entre 1844 et 1849, soit un peu moins de 12500 individus. Toutes les informations présentes dans les registres ont été relevées, représentant un peu plus de 50 variables par individu, pour un total d'environ 660 000 enregistrements. Nous espérons ainsi dépasser le cadre habituel des études anthropologiques qui étudient essentiellement deux caractères métriques (la taille adulte et l'indice céphalique) et des deux caractères descriptifs (la pigmentation des yeux et des cheveux) en analysant également d'autres variables physiques et des variables culturelles (illégitimité, niveau d'instruction, migrations, etc.).

3- Incomplétude et lacunes

Les lacunes liées à la conservation des registres sont rares. Seules manquent les listes du canton d'Avranches pour les années 1864-1865 et la première page du canton de Brécey pour l'année 1864. Au total, on peut estimer à 70 soldats environ, les pertes encourues.

Par contre la qualité de l'enregistrement n'est pas toujours excellente. Nombre de rubriques sont délaissées ou très incomplètes.

Remarquons dès maintenant, que la plupart des enregistrements qui font défaut sont liés à la mobilité des individus. Ainsi, les caractéristiques physiques ne sont pas décrites lorsque l'individu ne réside plus dans le canton alors que ses informations nominatives et son lieu de naissance ont été correctement reportées.

Tableau 3 : Lacunes selon la variable

Lacunes	**Pourcentages**
Identité du Soldat	0
Identité du Père*	0,02
Identité de la mère*	0,42
Date de Naissance	0,02
Lieu de Naissance	0,13
Lieu de Résidence	1,7
Couleur des Yeux	15,75
Taille	16,85
Couleur des Cheveux	15,31
Couleur des Sourcils	15,31
Teint	20,27
Forme du Front	15,97
Forme du Nez	15,71
Forme du Menton	15,92
Forme de la Bouche	15,68
Forme du Visage	15,87
Profession	5,61
Niveau d'instruction	23,68
* Illégitimes et abandonnés non comptés	

4- Qualité des données.

Si les variables qui concernent l'identité ne posent pas de problème d'interprétation, il n'en est pas de même pour celles qui décrivent les caractéristiques physiques car elles sont une interprétation émise par l'officier recenseur et peuvent être empreintes de subjectivité.

Le signalement est la description d'une personne que l'on veut faire reconnaître disait Littré. La prise du « signal » devait dont permettre l'identification du soldat en cas de décès sur le champ de bataille ou de désertion.

La couleur des yeux peut poser quelques difficultés de classement. D'une part, la couleur des yeux comme celle des cheveux varie avec âge. Dans notre échantillon, cela n'impacte pas vraiment les résultats car nous comparons entre eux des individus qui ont à peu près tous le même âge. D'autre part, les blessures, les traumatismes ou certaines inflammations peuvent également modifier la couleur[1] mais elles sont plutôt rares et ne peuvent affecter les proportions obtenues. Au total, la pigmentation oculaire est relativement indépendante du milieu et malgré les difficultés de classement, ce caractère peut donc donner des renseignements importants sur la structure génétique de la population, dès lors que l'on considère un nombre limité de modalités. À titre d'exemple, il faudra certes considérer l'analyse de la répartition géographique des yeux bleus, des yeux verts ou des yeux gris mais il faudra aussi rassembler ces différentes catégories dans une seule modalité d'yeux clairs pour vérifier la cohérence des résultats.

L'appréciation de la forme de la tête, du nez, du front est probablement plus subjective encore. Selon Jacques Houdaille « il y a là un facteur psychologique qui mérite attention en rapport avec des traits de xénophobie et de racisme bien plus anciens que les égarements pangermanistes et hitlériens[2] ». Ces accidents peuvent toucher ce type d'étude, nous en sommes conscient. Toutefois, la cohérence entre les différentes variables et leur localisation géographique semble plaider contre ce risque.

À l'instar de Jacques Houdaille, notre étude ne représente qu'un sondage et une approche limitée d'un domaine très étendu qui mérite d'autres recherches. Mais « ...si nous avons pu convaincre le lecteur que le territoire de historien dans ses élargissements successifs peut aussi s'étendre à diverses caractéristiques somatiques et notamment à la couleur des yeux et à son évolution dans le temps un des buts de ce travail aura alors été atteint[3]. »

---

1. Mais elles n'affectent le plus souvent qu'un seul côté.
2. Jacques Houdaille, Peter-Andreas Gloor. « La couleur des yeux à l'époque du Ier Empire. Quelques commentaires sur l'évolution de ce caractère durant 238 ans », Annales. Économies, Sociétés, Civilisations. 31e année, N. 4, 1976. p. 677-699.
3. Jacques Houdaille, Peter-Andreas Gloor. « La couleur des yeux... » *op. cit.*, p. 694.

II

Les variables physiques

Dans cette partie, les résultats statistiques seront présentés pour chacune des variables prises en compte, mais sans toutefois chercher à les interpréter séparément. Une tentative d'explication plus globale sera tentée dans les chapitres suivants.

1 - La taille, une variable sociale ?

La réponse est sans ambiguïté pour Villermé qui écrit que « La taille des hommes devient d'autant plus haute, et leur croissance s'achève d'autant plus vite que, toutes choses étant égales d'ailleurs, le pays est plus riche, l'aisance plus générale ; que les logements, les vêtements et, surtout la nourriture sont meilleurs et que les peines, les fatigues, les privations éprouvées dans l'enfance et la jeunesse sont moins grandes ; en d'autres termes, la misère, c'est-à-dire les circonstances qui l'accompagnent, produit des petites tailles et retarde l'époque du développement complet du corps[1]. »

Selon John Komlos, l'histoire anthropométrique de la France reste un territoire encore peu exploré. « Emmanuel Le Roy Ladurie a été le premier historien à examiner systématiquement la variation géographique et les corrélats socio-économiques de la taille humaine dans la France du XIXe siècle. Dans une série de publications, dont la première remonte à 1969, il a démontré que la stature des recrues nées à la fin des années 1840 était en corrélation positive avec leur éducation et leur fortune. Les illettrés mesuraient approximativement 164,3 cm, alors que ceux qui savaient lire et écrire les dépassaient de 1,2 cm »[2]. Nous consta-

1. Louis René Villermé, « Sur la taille de l'homme en France », *Annales d'hygiène publique et de médecine légale*, tome 1, 1829, p. 354-397.
2. John Komlos, « Histoire anthropométrique de la France de l'Ancien Régime », *Histoire, économie et société*, 2003, 22e année, n° 4. Enfant malade, enfant souffrant, p. 520.

tons le même phénomène dans la Manche où les illettrés sont également d'une stature inférieure par rapport à l'ensemble des conscrits mesurant en moyenne 164,49 cm contre 165,25 cm. Nous pouvons même ajouter que les enfants illégitimes, élevés dans des conditions souvent difficiles, ont une taille nettement inférieure à la moyenne puisqu'ils mesurent 164,39 cm.

John Komlos confirme, dans son article sur l'histoire anthropométrique de la France d'Ancien Régime d'où est extraite la citation précédente, la corrélation qui existe entre la conjoncture et la taille moyenne ce qui l'incite par ailleurs à relativiser l'importance de la crise frumentaire de la fin de l'Ancien Régime.

Jacques Houdaille a également signalé, dans un article sur la taille des parisiens en 1793, les fortes différences de taille entre classes sociales, mais également entre urbains et ruraux dont l'alimentation devait, selon lui, être moins riche en protéines que celle des Parisiens[1].

L'histoire anthropométrique ne s'est véritablement développée que dans le monde anglo-saxon, elle a longtemps été boudée par les historiens français malgré la présence de sources sans équivalent ailleurs, les sources militaires que nous utilisons pour ce livre. « Ce type d'enquête historique repose sur un principe fort simple : plus une population est bien nourrie en quantité et en qualité, plus elle vit dans un environnement sain et hygiénique, plus en conséquence la stature moyenne de cette population augmente[2] ».

Au XIXe siècle, l'évolution de la taille humaine a intéressé un médecin, Jean-Christian-Marc Boudin, qui nous a laissé une étude publiée en 1863, très intéressante non pas tant pour ses conclusions que pour la richesse des données fournies pour la période qui nous concerne[3].

Les statistiques de Boudin nous permettent d'une part d'appréhender une indéniable croissance de la taille des français au cours du XIXe siècle, mais également de situer la Manche dans l'espace français.

---

1. Jacques Houdaille, « La taille des Parisiens en 1793 », *Population*, 38e année, n° 1, 1983. page 177.
2. Laurent Heyberger, « Stature et niveau de vie biologique des conscrits du Limousin (1782-1940). Un indice de développement socio-économique » Association d'histoire des sociétés rurales (A.H.S.R.), Histoire & Sociétés Rurales, 2005/2 vol. 24, p. 85.
3. J.-Ch.-M. Boudin, *Études ethnologiques sur la taille et le poids de l'homme chez divers peuples ; et sur l'accroissement de la taille et de l'aptitude militaire en France*, Paris, Librairie de la médecine, de la chirurgie et de la pharmacie militaires Victor Rozier éditeur, 11 Rue de Childebert, près la place Saint-Germain-des-Prés, 1863, 126 pages.

Nous retiendrons un premier tableau qui montre, malgré quelques aléas, l'augmentation progressive du nombre de conscrits ayant la taille légale de 1,56 m entre 1831 et 1860

Tableau 4 : Nombre de jeunes gens ayant la taille légale de 1,56 sur 1000 examinés.
France 1831-1860) selon J.-Ch.-M. Boudin.

Tableau du nombre des jeunes gens ayant la taille légale de 1^{m},56 sur 1000 examinés, pendant une période de trente années (Classes de 1831 à 1860).

CLASSES.	AYANT LA TAILLE sur 1000 examinés.	CLASSES.	AYANT LA TAILLE sur 1000 examinés.
1831	907	1846	939
1832	910	1847	914
1833	912	1848	929
1834	915	1849	933
1835	916	1850	937
1836	917	1851	940
1837	920	1852	938
1838	924	1853	944
1839	928	1854	931
1840	921	1855	931
1841	927	1856	937
1842	927	1857	936
1843	929	1858	938
1844	931	1859	942
1845	932	1860	940

Les conclusions de Boudin ont été mises en doute par des auteurs allemands qui faisaient remarquer que l'accroissement n'était qu'apparent et dû à l'apparition plus précoce de la puberté et à l'accélération de la croissance[1]. Autrement dit, la croissance serait d'autant plus rapide que les conditions du milieu seraient meilleures. Elle tendrait, comme le suggérait Villermé, vers une limite, un « plafond », atteint d'autant plus vite qu'on se trouve placé dans de meilleures conditions[2].

1. Tandler, E. W. Koch, Meinshausen, analysés dans Wroczynski C. « Le physique et la santé » S.D.N. Bull. Org. d'Hygiène, 1937, 6, 593-733 cité par Sutter Jean, Izac René, Toan Tran Ngoc in « L'évolution de la taille des polytechniciens (1801-1954) ». *Population*, 13e année, n° 3, 1958. p. 373-406.
2. Quételet recherchant l'âge auquel la croissance se terminait à Bruxelles, fit les constatations suivantes, sur trois groupes de 300 sujets chacun : à l'âge de 19 ans, la taille moyenne était de 1.664 mm, à 25 ans de 1.675 mm et à 30 ans de 1.684 mm. Il en conclut qu'à 25 ans, la taille définitive n'est pas atteinte (1835) in Adolphe

Boudin présente également dans son exposé une carte géographique de la fréquence des recrues dont la taille dépasse 1,73 m. Nous constatons que la Manche possèdent le plus grand nombre des grandes tailles de tout l'ouest de la France.

Carte 2 : Fréquence des conscrits dont la taille est supérieure à 1,73 m (Ouest de la France).

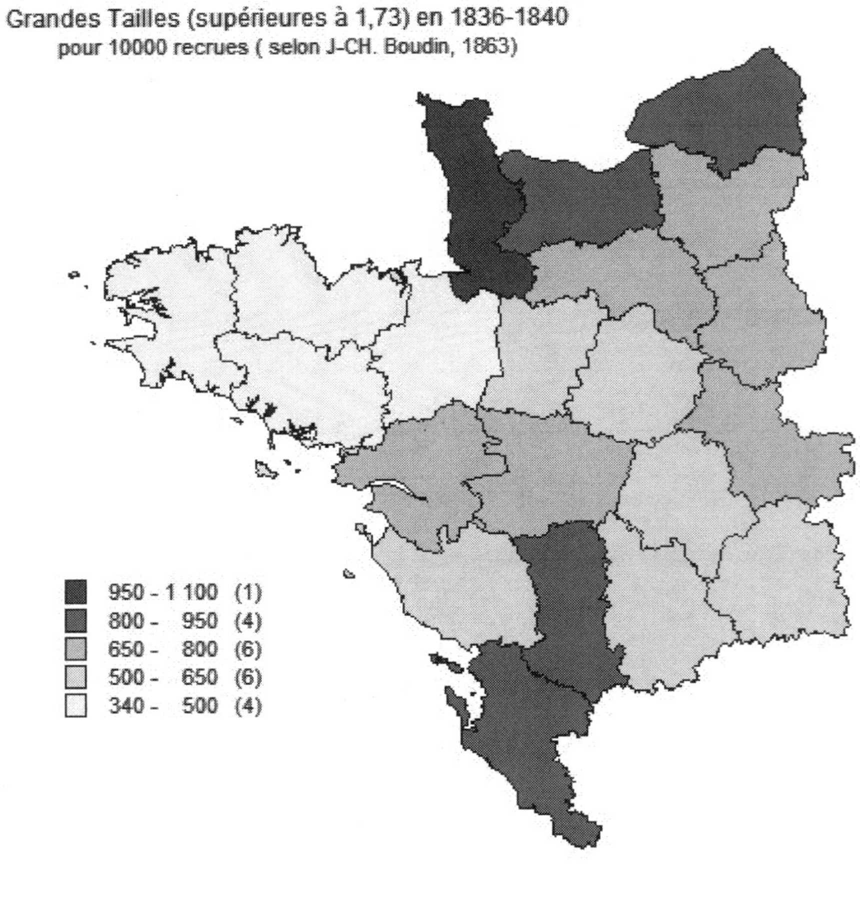

J.-Ch.-M. Boudin compare la répartition de ces données entre Normandie et Bretagne :

Quételet « Sur l'homme et le développement de ses facultés. Essai de physique sociale ». Paris, Bachelier, 1835, 2 vol. In-8°, 325 et 327 p., cité par Jean Sutter René Izac, Ngoc Toan Tran, « L'évolution de la taille des polytechniciens (1801-1954) ». Population, 13e année, n° 3, 1958, p. 375.

Tableau 5 : Proportion sur 10 000 des recrues dépassant 1,73 m en Bretagne et en Normandie J.-Ch.-M. Boudin.

BRETAGNE.	Proportion sur 10,000 recrues.	NORMANDIE.	Proportion sur 10,000 recrues.
Finistère.	344	Eure.	791
Ille-et-Vilaine. . .	353	Calvados.	858
Morbihan.	432	Seine-Inférieure. .	881
Côtes-du-Nord. . .	434	Manche.	1089
Loire-Inférieure.. .	661		
Moyenne. . .	444	Moyenne. . .	904

La Manche avec près de 11% de ses recrues dont la taille est supérieure à 1,73 m est de loin le département qui possède les conscrits les plus grands de tout l'ouest de la France, dans des proportions de 2 à 3 fois supérieures aux départements bretons.

On retrouve dans les résultats de Boudin la ligne classique Saint-Malo-Genève, qui départage les grandes tailles au Nord des petites au Sud, nous y reviendrons.

Il est clair que l'alimentation, évoquée précédemment, n'explique pas complètement ces différences entre des départements qui se ressemblent quant au milieu, aux activités économiques, ou encore à l'éducation. Peut-on arguer d'une croissance plus rapide qui aurait permis aux normands d'atteindre plus rapidement le « plafond » de leur croissance ? Cela semble insuffisant pour expliquer de telles différences.

Tableau 6 : Taille moyenne selon la profession. Manche, hommes nés entre 1844 et 1849

Taille moyenne selon la profession

Profession	Eff cum	Nbre	Taille Moy	Profession	Eff cum	Nbre	Taille Moy
couvreur	14565	89	**163,65**	charpentier	42816	259	**165,31**
divers artisan cuir	7533	46	**163,76**	jardinier	23482	142	**165,37**
divers artisan bois	21303	130	**163,87**	tailleur de pierres	26462	160	**165,39**
fondeur	17698	108	**163,87**	ouvrier agricole	5128	31	**165,42**
marin	11003	67	**164,22**	boulanger	15385	93	**165,43**
cordonnier	27605	168	**164,32**	divers artisan livre	3475	21	**165,48**
domestique	455709	2771	**164,46**	menuisier	43873	265	**165,56**
maçon	25495	155	**164,48**	meunier	14743	89	**165,65**
journalier	63575	386	**164,70**	marchand	46448	280	**165,89**
métier restauration	6426	39	**164,77**	cultivateur	482663	2907	**166,03**
peintre	6435	39	**165,00**	divers travaux port	5171	31	**166,81**
divers artisan fer	20958	127	**165,02**	étudiant	20046	120	**167,05**
transport	11057	67	**165,03**	employé administration	35695	213	**167,58**
tisserand	12710	77	**165,06**	propriétaire	9732	58	**167,79**
laboureur	77286	468	**165,14**				
boucher	7765	47	**165,21**	autre profession	40316	244	**165,23**
maréchal-ferrant charron	52542	318	**165,23**	total	1655100	10015	**165,26**

On constate dans la Manche comme ailleurs des différences importantes de taille entre les différents groupes professionnels dont l'alimentation est probablement l'une des clés. Remarquons l'ambiguïté du terme « cultivateur » qui concerne un quart des effectifs et qui rassemble sous ce vocable des niveaux économiques sûrement très variés. Ainsi, les élites du département sont difficiles à appréhender en dehors des trois dernières catégories de ce tableau. Elles ne représentent ici qu'un peu moins de 4% des conscrits et ne peuvent ainsi conditionner la répartition géographique selon la taille observée dans la carte ci-dessous.

Carte 3 : Taille moyenne des conscrits selon le canton

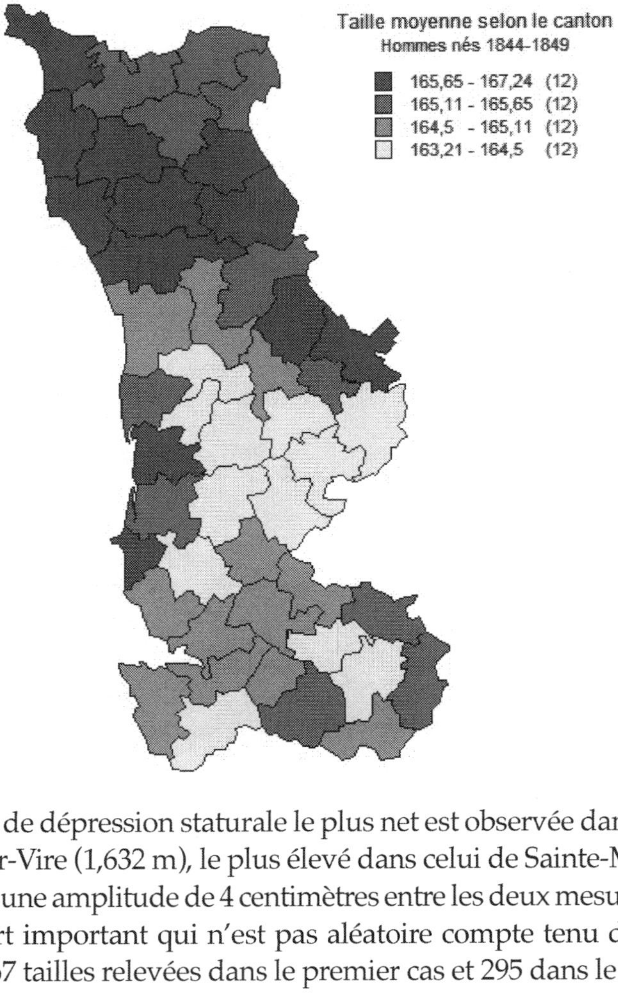

L'espace de dépression staturale le plus net est observée dans le canton de Tessy-sur-Vire (1,632 m), le plus élevé dans celui de Sainte-Mère-Église (1,672) avec une amplitude de 4 centimètres entre les deux mesures. Il s'agit là d'un écart important qui n'est pas aléatoire compte tenu des effectifs mesurés (167 tailles relevées dans le premier cas et 295 dans le second).

On observe une concentration des moyennes les plus élevées dans le nord du département et particulièrement sur la façade atlantique du nord Cotentin, réparties au dessus d'un axe Granville-Saint-Jean-de-Daye. Or, les structures sociales de cette sous région ne sont pas très différentes de celle du centre ou du sud du département, la moyenne y est pourtant nettement supérieure.

Pour Jean Sutter[1] également, les différences de taille entre individus mesurées au même âge résultent essentiellement d'une différence de maturité. En d'autres termes, les individus n'atteignent pas leur taille maximale au même moment. Les facteurs qui influent sur l'accroissement de taille sont :

– l'alimentation durant les premières années de la vie.

– l'influence des exercices physiques par les modifications qu'ils apportent au métabolisme.

– les facteurs génétiques. La disparition des isolats qui se traduirait par une hybridation générale ayant dû favoriser des phénomènes d'hétérosis[2].

– les phénomènes de groupe. Le mode de vie plus urbain augmenterait les excitations auxquelles l'hypophyse serait soumise et seraient capables d'accélérer la croissance et d'agir finalement sur la taille[3].

Nous ne disposons d'aucun élément pour mesurer l'influence des exercices physiques sur la croissance. Par contre, nous pouvons supposer que « l'hybridation générale » est loin d'être réalisée dans la Manche à

1. Jean Sutter René Izac, Ngoc Toan Tran, « L'évolution de la taille des polytechniciens (1801-1954) ». Population, 13e année, n° 3, 1958, p. 377-378.
2. « L'exemple des espèces animales nous a révélé combien l'hybridation augmentait la robustesse des organismes. Leur développement physique est si manifestement amélioré qu'on a créé à ce propos, le terme de luxuriance des hybrides. L'espèce humaine ne peut échapper à cette règle. Dahlberg a montré qu'on ne pouvait totalement expliquer l'augmentation de la taille des Suédois par le facteur alimentaire, et que l'hétérosis, dû à l'éclatement des isolats, avait dû jouer aussi un rôle important », Jean Sutter et alii, « l'évolution… », *op. cit.*, p. 378.
3. Selon certains biologistes, surtout en Allemagne, (de Rudder & Linke, Schwidetzky), les individus mènent de plus en plus une vie de type urbain et sont ainsi soumis, dès l'enfance, à des stimuli de tout ordre, à des excitations continuelles qui agissent sur le diencéphale. Les excitations auxquelles l'hypophyse serait soumise seraient capables d'accélérer la croissance et d'agir finalement sur la taille. « Il y a là un aspect écologique et sociologique qu'on doit accepter, tant son importance est grande dans le règne animal » (Chauvin R, Réflexions sur l'écologie entomologique, Talence, Soc. Zoologie Agricole, 1957, 1 vol. In-8°, 79 p.).

cette époque. Quant au mode de vie, il demeure essentiellement rural éludant la dernière des hypothèses de Sutter.

Les différences géographiques observées dans la stature moyenne des conscrits résulteraient donc plutôt d'habitudes alimentaires différentes. Peuvent-elles être corrélées aux grandes mutations agricoles qui transforment le paysage du Cotentin au XIXe siècle ? Le couchage en herbe des terres, qui assure une aisance certaine aux paysans[1] qui s'y adonnent, pourrait alors apparaître comme une des clés explicatives d'une augmentation du bien être et par là de la croissance moyenne de la taille.

Les travaux de Pierre Brunet[2] sur l'évolution du paysage peuvent nous aider à répondre à cette question. Sur la carte ci-dessous, on observe que les cantons de la côte orientale du département où les statures sont élevées correspondent bien aux principales zones de mise en herbe, donc d'élevage bovin (cantons de Montebourg, Sainte-Mère-Église, Saint-Jean-de-Daye et dans une moindre mesure Carentan). Par contre cette explication est moins certaine pour les cantons situés à l'ouest du département, en particulier pour ceux du nord-ouest (Octeville et Les Pieux) alors qu'elle semble confirmée pour le canton de Montmartin-sur-Mer situé plus au sud.

La mesure de la corrélation linéaire entre la taille moyenne des conscrits et la part des labours sur la superficie totale donne un résultat moyen qui semble plaider pour une légère dépendance linéaire entre les deux variables. Le coefficient de corrélation linéaire obtenu[3] est de -0,537 et semble indiquer une relation inversement proportionnelle entre les variables, que l'on peut traduire de la manière suivante : moins la part des labours est importante (et donc plus la part des herbages est conséquente), plus la taille des conscrits est élevée.

Même si l'intensité de la dépendance entre les variables est moyenne, la relation n'est pas douteuse car il s'agit d'un effet indirect.

---

1. J'ai consacré un ouvrage sur ce thème il y a quelques années : Jacques Renard, Pont l'Évêque et ses campagnes aux XVIIIe et XIXe siècles. Des veaux et des hommes, un exemple d'oliganthropie anticipatrice, Paris, Éditions SPM, 2011, 286 p.
2. Pierre Brunet, Essai sur l'histoire des paysages de la Basse-Normandie - Inventaire régional des paysages en Basse-Normandie, 1re partie, Édition du Conseil régional de Basse-Normandie-Direction régionale de l'Environnement, 2004, p. 28.
3. Ce coefficient, noté r, est égal au rapport de leur covariance et du produit non nul des écarts types. Il est compris entre -1 et 1.

Carte 4 : Labours vers 1830.
Proportion par rapport à la superficie totale.
(Pierre Brunet, 2004)

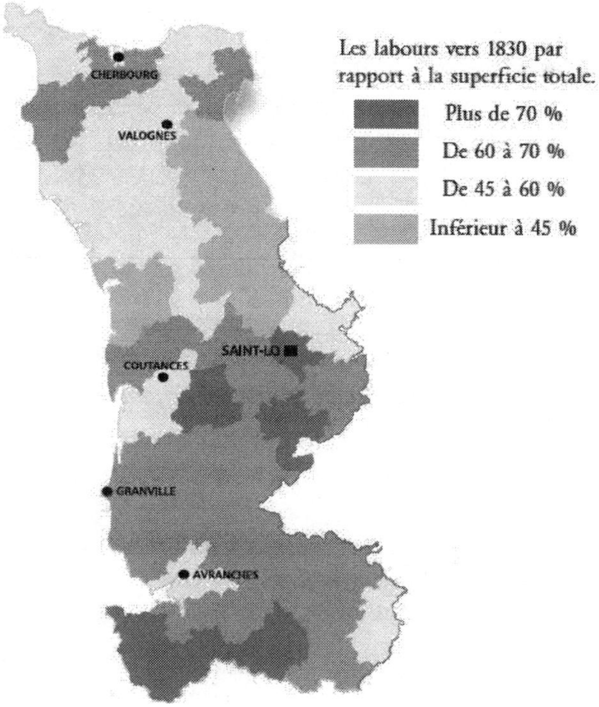

On le voit, les facteurs qui peuvent influer sur la stature sont multiples et aucun ne semble décisif. Si l'amélioration des conditions de vie représente une amorce d'explication, elle n'est toutefois pas suffisante pour éclairer les disparités. L'amplitude des différences observées entre la Manche et ses voisins bretons nous invite à rechercher d'autres causes, parmi lesquels figurent sans doute les facteurs héréditaires même s'ils apparaissent aujourd'hui pour beaucoup d'historiens comme secondaires.

2- La couleur des yeux

Les chercheurs s'accordent pour estimer que la couleur des yeux est un caractère héréditaire apparu quelque part en Europe il y a plusieurs millénaires mais dont le mode précis de transmission échappe encore quelque peu à leurs efforts.

Selon le professeur Hans Eiberg[1], savant danois, une mutation génétique fondatrice aurait touché le dépôt de granulations mélaniques de la couche cellulaire antérieure de l'iris[2] d'un individu, ou de plusieurs, entre 7 000 et 10 000 ans avant notre ère.

Il n'est, bien sûr, pas possible de localiser le lieu où s'est opérée cette mutation mais on constate aujourd'hui que la représentation graphique de la dépigmentation en Europe dessine des lignes grossièrement concentriques autour d'un centre principal situé en Scandinavie. Ainsi, même si elle a pu se réaliser ailleurs, c'est en Scandinavie qu'elle s'est reproduite.

Eiberg énonce plusieurs arguments en faveur de la théorie de l'ancêtre commun à tous les porteurs d'yeux bleus. D'une part les variations dans la gamme des bleus sont nettement moins importantes que dans la gamme des marrons, ce qui indiquerait que la couleur bleue est plus récente. Mais avant d'en venir à cette mutation proprement dite, il semble important de rappeler ce qui explique la coloration bleue. J'emprunte pour cela une excellente mise au point, publiée sur le blog « Strange Stuff And Funky Things»[3]. La différence de couleur viendrait de la nature et de la quantité de mélanine contenue dans les mélanocytes. Les yeux bleus possèderaient des mélanocytes pauvres en mélanine sur la face antérieure de l'iris. Ainsi, la lumière qui arrive sur un iris bleu n'est pas absorbée par la face antérieure et continue son chemin au travers des autres couches plus profondes de l'iris. Arrivée sur la couche postérieure, une partie de la lumière est absorbée mais le reste est réfléchi, rebondissant et repassant par le stroma. C'est dans cette dernière couche que la lumière va subir une modification : le collagène

---

1. Eiberg et son équipe ont étudié les données génétiques de la couleur des yeux d'environ 800 personnes de tous horizons, de scandinaves blonds aux yeux bleus aux habitants de pays tels que la Turquie ou la Jordanie.
2. L'iris est un ensemble de tissus conjonctifs et musculaires qui entoure l'orifice central de l'œil, la pupille, et dont la principale fonction est d'en moduler le diamètre pour contrôler la quantité de lumière qui parvient à la rétine. Il est constitué d'un ensemble de couches superposées les unes sur les autres nommées : face antérieure, stroma, sphincter irien, muscle dilatateur irien et face postérieure. La face antérieure est un tissu constitué de cellules appelées mélanocytes qui peuvent accumuler des pigments. Le stroma qui peut lui aussi contenir des pigments, est situé juste au dessous de la face antérieure et est composé de fibres, de collagènes et de vaisseaux sanguins. Le sphincter irien est un muscle plat dont les fibres se disposent concentriquement, juste au pourtour de la pupille, assurant ainsi sa contraction. La face postérieure est, quant à elle, composée de deux couches de cellules pigmentées.
3. Ce blog est l'œuvre d'un jeune chercheur dont le pseudonyme est « Taupo », sans précision.

du stroma va dévier la lumière, qui va subir une dispersion que les physiciens appellent diffusion de Rayleigh[1].

En résumé, trois éléments principaux vont déterminer la couleur de l'iris : la teneur en mélanine de l'épithélium pigmentaire, la teneur en mélanine du stroma irien, et la densité cellulaire du stroma irien qui affecte la quantité de lumière absorbée par l'épithélium pigmentaire.

On a longtemps pensé que la couleur des yeux était un caractère génétique qui se transmettait suivant une loi héréditaire Mendélienne, c'est à dire selon un modèle simple de ségrégation de caractères (allèles). Dans ce modèle, les yeux doivent leur couleur à un gène existant sous forme d'un allèle bleu ou brun et dont chaque individu hérite d'une forme de leur père et de leur mère. L'allèle bleu étant récessif, il doit être transmis par les deux parents pour que le caractère « bleu » soit visible.

Nous savons maintenant que la couleur des yeux dépend de plusieurs gènes. Le plus important pour déterminer si l'iris sera bleu[2] ou marron est un gène appelé OCA2. Il serait ainsi responsable de la bonne maturation et de la production de la mélanine dans les mélanocytes[3]. D'autres gènes, HERC2, LYST ou encore DSCR9 semblent intervenir dans le processus. Il s'agit donc bien d'un caractère polygénique.

---

1. Rayleigh a découvert le phénomène qui nous intéresse en observant le ciel et en se demandant pourquoi il semble bleu. Le ciel parait bleu à cause de la dispersion que la lumière subit en interagissant avec les molécules qui composent l'atmosphère. Chaque radiation lumineuse prend une couleur différente en fonction de sa longueur d'onde et il s'avère que la lumière bleue est diffusée de manière plus importante que les radiations lumineuses correspondantes aux autres couleurs.
2. Nous n'avons pas évoqué les yeux verts. Ils sont rares dans presque tous les pays, sauf en Islande. Il semble que cette couleur soit due à une faible accumulation de mélanine dans le stroma qui lui donne une couleur jaune et que le reste de l'iris disperse la lumière de différente manière pour obtenir du bleu. On obtient alors du vert. Pour l'instant, nous savons que les gènes HERC2 et Gey sont associés à des combinaisons permettant d'avoir des yeux verts.
3. Cette mutation du gène nommé OCA2 (rs12913832, située dans le chromosome 15) agirait comme un « interrupteur » qui limite la production de mélanine dans l'iris. Une mutation dans ce fragment précis de l'ADN humain serait la cause des yeux bleus de l'humanité, du moins de sa portion dite « caucasienne ». Cette mutation porte, qui plus est, sur une seule base de l'ADN humain, lequel en compte trois milliards. Les chercheurs ont découvert ce même particularisme génétique chez des porteurs d'yeux bleus d'horizons divers, du Danemark à la Jordanie. Le signe, estiment-ils, que tous les individus d'origine européenne aux yeux bleus sont les descendants d'une même lignée dans laquelle est apparu ce variant génétique subtil.

Tableau 7 : La couleur des yeux dans la Manche
à partir des fiches matricules.
Hommes nés entre 1844 et 1849.

Description de la couleur de l'œil dans les fiches matricules.
et regroupement en dominante claire ou foncée

Œil	Effectifs	Proportions
Bleu	3771	**31,34**
Brun	825	**6,86**
Chatain	573	**4,76**
Gris	3425	**28,46**
Noir	266	**2,21**
Roux	1209	**10,05**
Clair	30	**0,25**
Vert	39	**0,32**
Indéterminé	1895	**15,75**
Ensemble	12033	100

Dominante	Effectifs	Proportions
Claire	7235	**60,13**
Foncée	2903	**24,13**
Indéterminée	1895	15,75
Ensemble	12033	100

Note: les données des conscrits nés en dehors de la Manche sont exclues.

Cartes 5-6. Les dominantes claire et foncée.

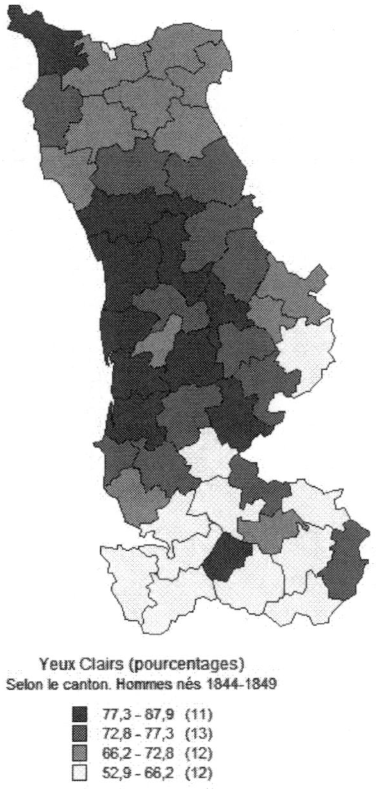

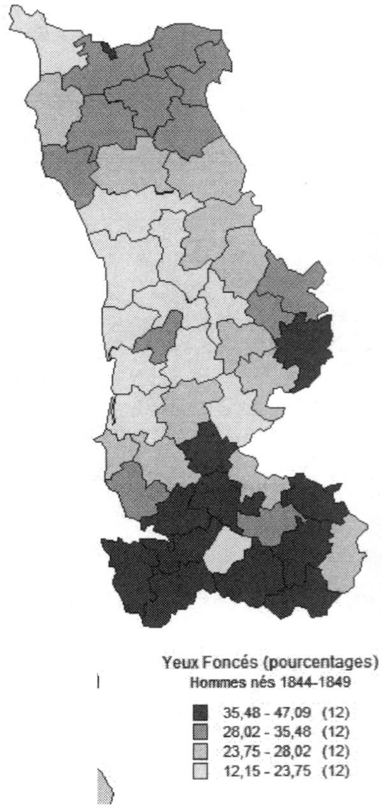

La dominante claire est de loin la plus diffusée. Les proportions s'échelonnent entre 52 et 88%, c'est-à-dire qu'au minimum un homme sur deux a les yeux clairs dans ce département. Les valeurs maximales sont observées dans les cantons du centre ouest du département où elles concernent plus de 80% des conscrits. La dominante foncée, qui touche environ un tiers des individus se polarise essentiellement sur les cantons du sud du département.

On retrouve ainsi, grossièrement et comme précédemment pour la taille, une opposition dans la répartition des caractères entre deux zones selon l'axe Granville/Saint-Jean-de-Daye.

Cartes 7-8. Les yeux bleus et les yeux gris dans la Manche

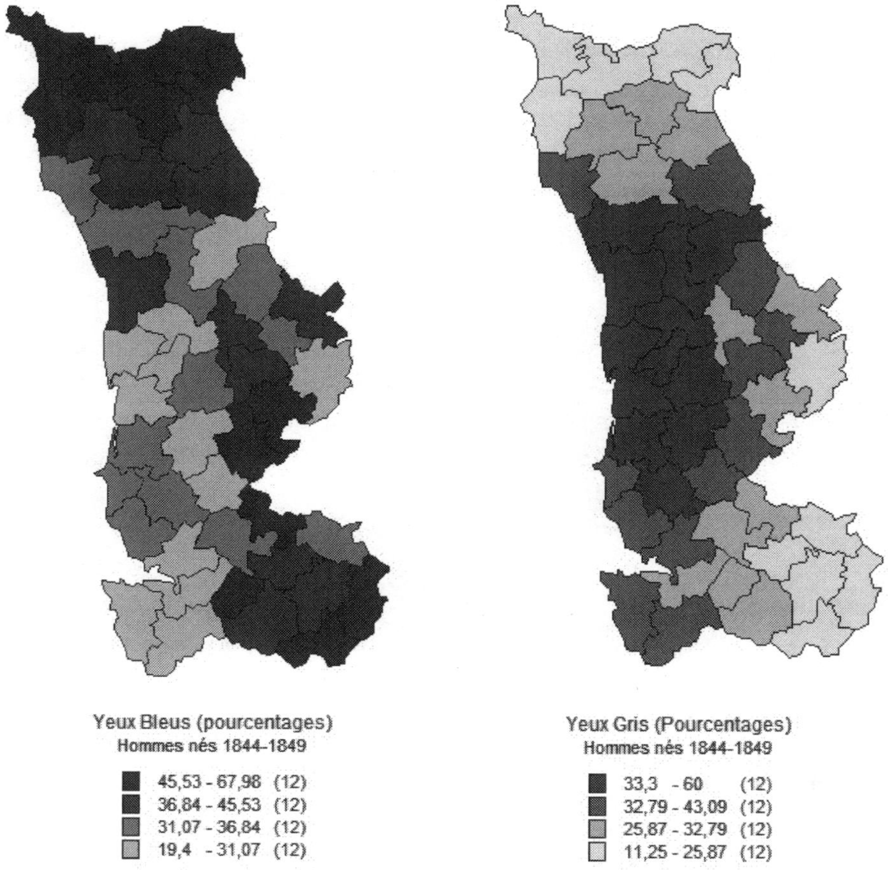

Environ 38 % des conscrits ont les yeux bleus (si l'on ne tient pas compte des indéterminés) dans ce département mais la répartition géographique est multipolaire : dans le Nord-Cotentin (où l'on observe jusqu'à 68 % d'yeux bleus dans le canton de Beaumont-Hague), dans le centre-est du département (cantons de Tessy-sur-Vire et Percy, autour de 40 %), et enfin dans le Mortainais (dans des proportions semblables, autour de 40 %). On peut remarquer, sans en tirer la moindre conclusion, que ces trois ensembles appartiennent à des zones bocagères du département de la Manche.

La couleur grise est un peu moins représentée, elle concerne environ 33% des conscrits (sans les indéterminés), elle est concentrée de manière assez homogène dans le centre-ouest du département. Elle intéresse plus de la moitié des recrues dans les cantons de Montmartin-sur-Mer, Lessay et de Cerisy-la-Salle.

Nous ne dresserons pas de carte pour figurer la répartition des yeux verts car ils ne concernent que 39 conscrits nés dans la Manche. Ce caractère est très localisé, centré sur les cantons du Mortainais (77 % des yeux verts).

3 - La Couleur des cheveux

La pigmentation des cheveux, comme celle des yeux, est due à l'expression de gènes. Le parallèle entre les deux caractères ne s'arrête pas là car l'apparition de cheveux clairs proviendrait, comme pour les yeux clairs, d'une mutation génétique. Une équipe de l'université américaine de Standford, conduite par David Kingsley, a récemment découvert la mutation à l'origine de l'apparition des cheveux clairs[1]. Cette mutation pourrait être plus ancienne que celle des yeux, mais elle est, souligne Kingsley, en tout cas complètement indépendante : « Cette variation génétique particulière chez l'homme est associée aux cheveux blonds, mais pas à la couleur des yeux ou à des traits de pigmentation. » L'équipe de recherche a pu démontrer que les variations dans la pigmentation sont due à des mutations d'un seul même gène qui code la protéine kit-ligand (ou KITLG). La mutation n'intervient en réalité pas au niveau du gène lui-même mais au niveau de l'ADN qui régule son expression. Les gènes sont formés par des séquences de bases d'ADN. Ces séquences

1. David M Kingsley, Catherine A Guenther, Bosiljka Tasic, Liqun Luo, Mary A Bedell, « A molecular basis for classic blond hair color in Europeans », Nature Genetics, n°46, 2014, p. 748–752 [doi:10.1038/ng.2991].

sont au nombre de quatre, auxquelles on a donné pour nom les lettres suivantes : A (adénine), T (thymine), C (cytosine) et G (guanine). Les chercheurs ont ainsi découvert que les personnes blondes présentaient un changement de base au niveau du chromosome n° 12[1].

Tableau 8 : La couleur des cheveux[2] dans la Manche à partir des fiches matricules. Hommes nés entre 1844 et 1849.

Description de la couleur des cheveux dans les fiches matricules

et regroupement selon la dominante

Cheveux	Effectifs	Proportions
Blonds	1785	**14,83**
Bruns	649	**5,39**
Chatains	4614	**38,34**
Chatains clairs	1845	**15,33**
Chatains foncés	561	**4,66**
Clairs	10	**0,08**
Foncés	6	**0,05**
Gris	5	**0,04**
Noirs	509	**4,23**
Roux	207	**1,72**
Indeterm.	1842	**15,31**
Total	12033	**100**

Dominante	Effectifs	Proportions
Claire	3645	**30,29**
Chatain	4614	**38,34**
Foncée	1932	**16,06**
Indeterm.	1842	**15,31**
Total	12033	**100**

La couleur châtain est de loin la plus représentée (plus de 60 % sans les indéterminés). Les officiers recenseurs ont par chance décliné cette couleur en fonction de son intensité, en précisant si les cheveux étaient clairs ou foncés. Cela nous permet de mesurer l'importance de la dominante claire, en associant les cheveux blonds aux cheveux châtains clairs, et constater qu'elle concerne le double des conscrits aux cheveux foncés, la couleur châtain, sans autre précision, étant considérée comme médiane.

Comment se répartissent géographiquement ces dominantes : en gros, les cheveux clairs se rencontrent principalement au nord du département, tandis qu'ils sont majoritairement châtains au centre, et plus foncés au sud.

1. À un endroit bien déterminé, une base adénine est remplacée par une base guanine. Ceci intervient à au moins 350 000 nucléotides (constitués de trois bases) du gène KITLG et a pour effet d'altérer son expression et donc la production de la protéine correspondante. Concrètement, la mutation affecte la quantité de protéine produite dans les follicules pileux, sans avoir d'impact sur les autres rôles de KITLG.
2. Dans les fiches matricules, la couleur des sourcils est fournie avec celle des cheveux. Mais dans la mesure où elle est toujours identique à celle des cheveux, il n'a pas semblé utile de l'étudier séparément.

Cartes 9-10 : Cheveux clairs et cheveux foncés.

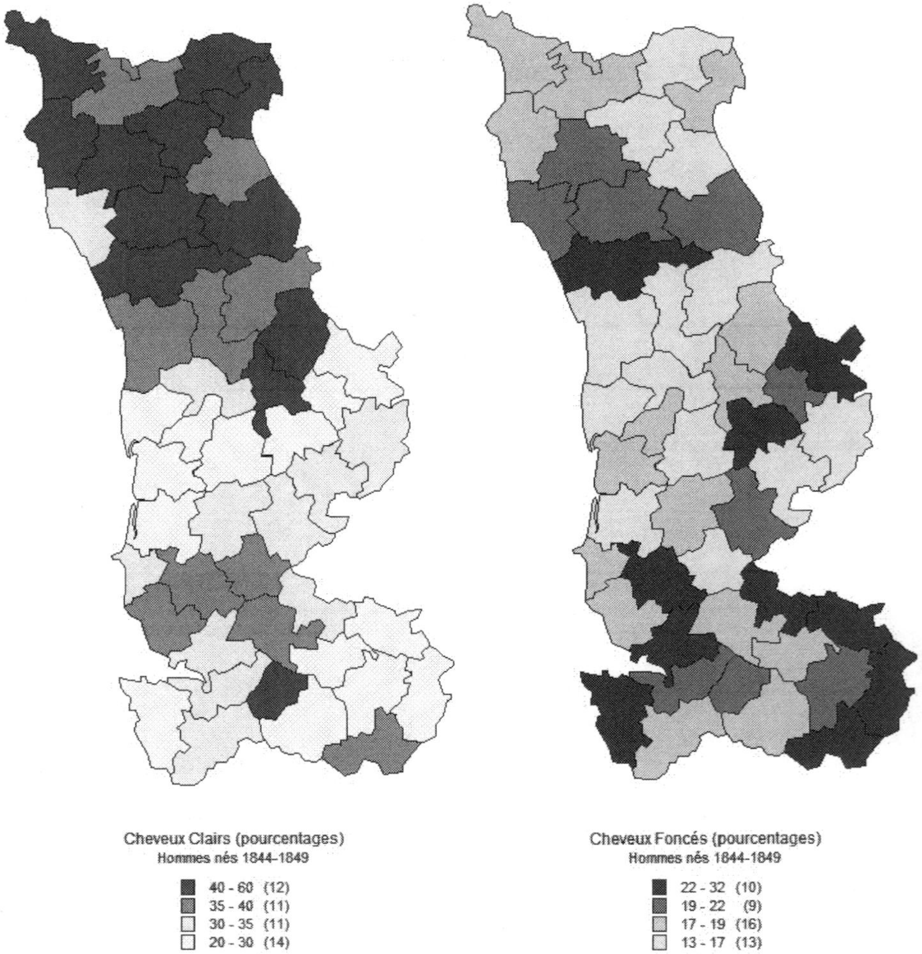

Cartes 11-12 : Cheveux blonds et châtains.

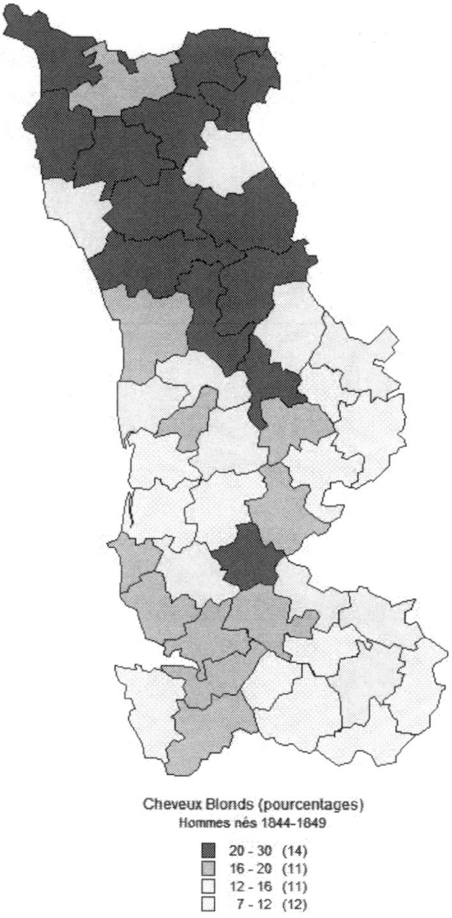

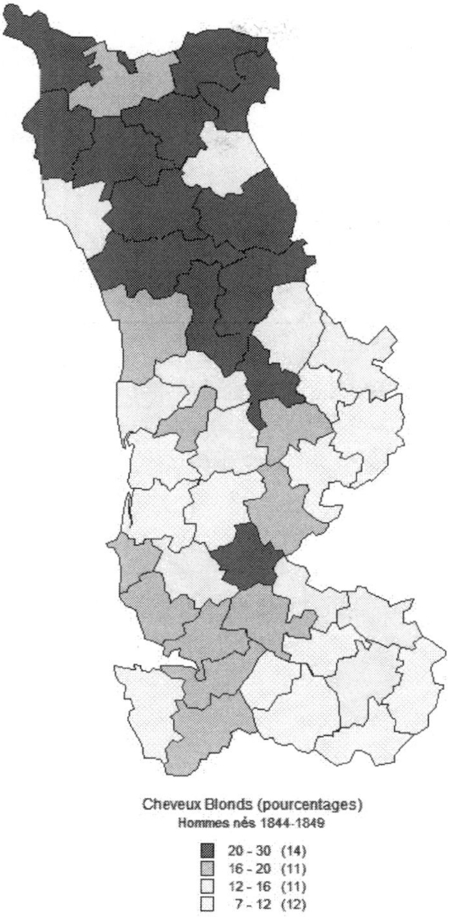

4 - Description du front

Représenter en un mot la physionomie d'un individu, la forme de son nez, de son menton ou encore de son visage est souvent moins immédiat qu'apprécier la couleur de ses yeux. Même si l'emploi des termes dans les registres matricules est assez limité pour rendre homogènes les descriptions, l'interprétation n'est pas toujours facile à donner. Les instructions sur ce thème sont rares, pour ne pas dire inexistantes. Nous utiliserons la seule qui nous soit connue, celle du préfet de la Vendée P. Blanc[1], bien

1. P. Blanc, préfet de la Vendée de 3 octobre 1910 au 3 mai 1913.

que tardive (1911), pour tenter d'apprécier la manière dont les relevés pouvaient être conduits.

Concernant la description du front, le préfet de la Vendée indique que « Le front est à examiner au point de vue de son inclinaison et de ses dimensions en hauteur et en largeur. L'inclinaison est la direction AB de la ligne qui limite le front vu de profil quand le sujet examiné a un port de tête normal ; les termes à employer pour designer l'inclinaison sont : fuyant, moyen (plutôt qualifié d'ordinaire), vertical (plat) et parfois proéminent (bombé). La hauteur du front est la distance AB qui sépare la ligne d'insertion naturelle des cheveux de la proéminence des arcades sourcilières ; on note : petit (bas), moyen, grand (haut). Le front de hauteur moyenne correspond à peu près au tiers de la hauteur du profil, de l'insertion des cheveux à la pointe du menton.

La largeur du front, à voir de face, est la distance appréciée transversalement d'une tempe à l'autre ; noter également : petit, moyen, grand[1] ».

Illustration 8 : Forme du front selon l'instruction du Préfet de la Vendée.

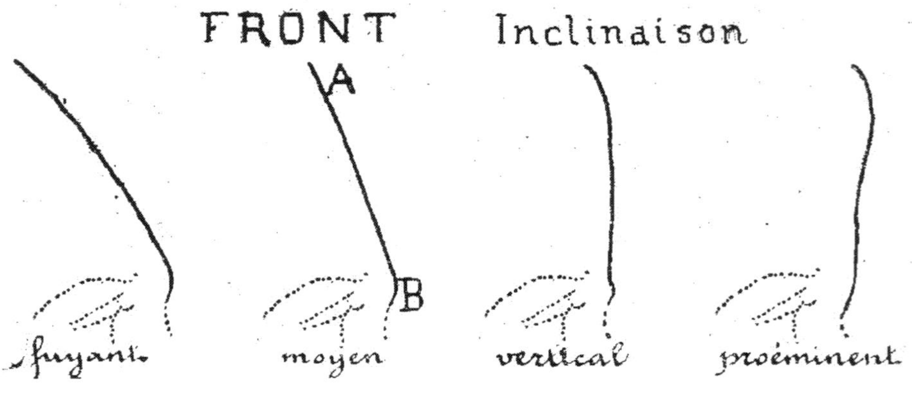

1. Préfecture de la Vendée, Recueil des actes administratifs, 2e division, bureau militaire, recrutement, 1911, La Roche-sur-Yon, p. 485-486.

Tableau 9 : Forme du front dans la Manche à partir des fiches matricules. Hommes nés entre 1844 et 1849.

Description du front		
Forme	Effectifs	Proportions
Bas	516	4,29
Bombé	753	6,26
Couvert	914	7,60
Découvert	1 496	12,43
Étroit	662	5,50
Haut	1 037	8,62
Large	650	5,40
Ordinaire	804	6,68
Plat	274	2,28
Rond	3 005	24,97
Indéterm.	1 922	15,97
Total	12 033	100,00

Un conscrit sur quatre a un front qualifié de rond. Le préfet de la Vendée indiquait que le front devait être décrit du point de vue de son inclinaison mais aussi de ses dimensions. Or le terme généralement choisi par l'officier recenseur ne représente qu'une des prescriptions et l'inclinaison n'est pratiquement jamais évoquée par rapport à la hauteur ou à la largeur (à titre d'exemple, le terme fuyant n'est employé que 27 fois dans les 12033 descriptions).

Les fronts bas ou couverts se polarisent au nord-est et au sud-ouest du département, tandis que les fronts hauts ou découverts se trouvent en plus grand nombre au nord-ouest et au sud-est. Les fronts ronds, qui représentent 25 % de l'ensemble se concentrent, quant à eux, au centre-est de l'échantillon. La répartition montre une opposition entre l'Est et l'Ouest toute aussi marquée que celle qui existe entre Centre et Sud.

Cartes 13-14-15 : Répartition géographique des différentes formes du front.

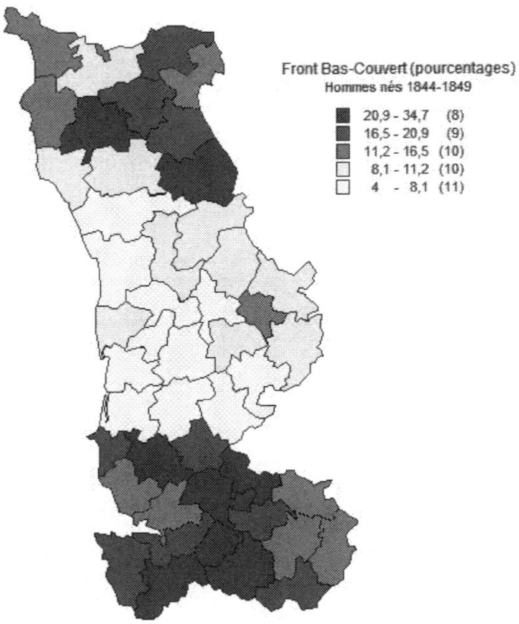

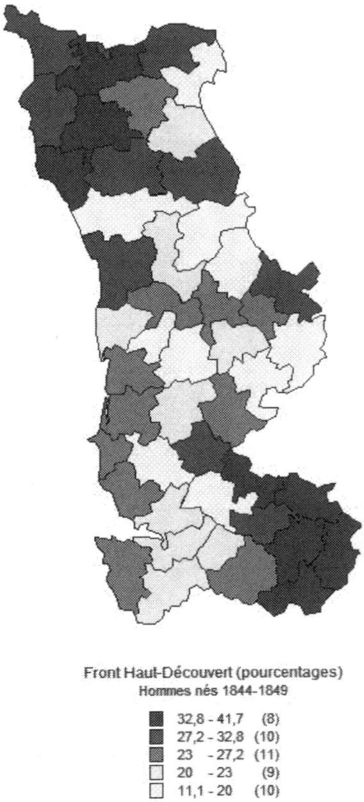

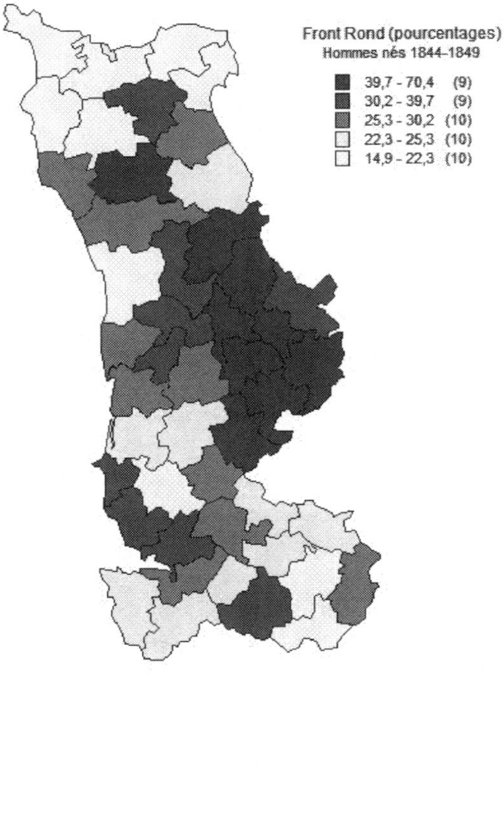

5 - Description du nez.

Selon le préfet de la Vendée, on examine le nez au point de vue de la forme de sa ligne dorsale et de l'inclinaison de sa base, puis des trois dimensions en hauteur, saillie et largeur ; la largeur seule doit être vue de face. Le dos du nez est envisagé de profil, depuis le creux de la racine C jusqu'au bout du nez D. Toutes les ligues dorsales se rattachent a l'une des formes suivantes : cave[1], rectiligne, convexe[2] (abréviativement vexe) ou busqué[3].

Illustration 9 : Forme du nez selon l'instruction

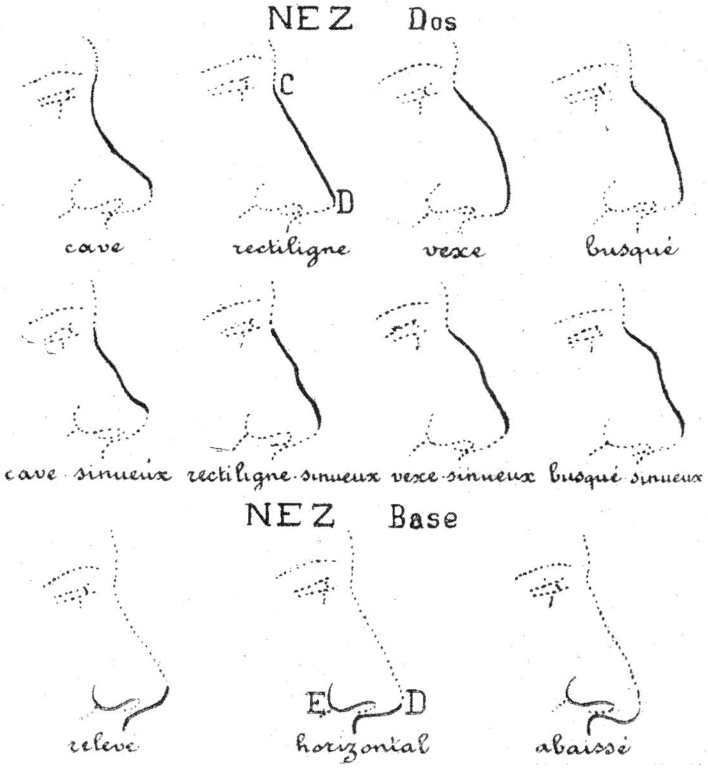

1. Dans la forme cave, la partie supérieure descend en ligne à peu près droite et la partie inferieure se porte en avant de sorte que l'ensemble présente une ligne concave dans la forme rectiligne, le dos du nez est droit de la racine au bout.
2. Dans la forme dite vexe, la ligne correspond à une courbe convexe à peu près régulière.
3. Le dos busqué est une variété du dos vexe, mais alors que ce dernier forme une courbe régulière, le dos busqué se compose de deux lignes légèrement courbes qui se coupent au tiers supérieur du dos du nez en formant un angle obtus.

L'inclinaison de la base du nez est indiquée non pas par la ligne qui va de la lèvre supérieure au bout du nez en suivant le bas du cartilage médian, mais par la ligne ED qui part du point d'attache de la narine droite à la joue pour arriver au bout du nez en suivant le bord libre de la narine. Cette inclinaison peut être relevée, horizontale ou abaissée. On apprécie la hauteur du nez entre le point C (racine) et le point E (attache de la narine à la joue).

Un nez de hauteur moyenne est un peu inférieur au tiers du visage et, par conséquent, plus petit à proportions égales qu'un front moyen. La saillie du nez est la distance comprise entre le point d'attache E de la narine à la joue et le bout du nez D. La largeur est la plus grande distance comprise entre les deux ailes du nez. On se sert, pour répondre à ces trois dernières rubriques des termes : petit, moyen, grand.

Tableau 10 : Forme du nez dans la Manche
à partir des fiches matricules. Hommes nés entre 1844 et 1849.

Description du Nez		
Forme	Effectifs	Proportions
Aquilin	1 340	11,14
De travers	195	1,62
Droit	319	2,65
Épaté	240	1,99
Fort	619	5,17
Gros	1 160	9,64
Long	988	8,21
Moyen	3 195	26,55
Petit	783	6,51
Pointu	850	7,06
Retroussé	454	3,77
Indéterm.	1 890	15,71
Total	12 033	100,00

Le nez moyen, la bouche moyenne ou le menton rond sont des appréciations qui en raison de leur fréquence n'ont aucune valeur recognitive. Mais, pour nous, elles ont un intérêt en raison même de leurs fréquences que l'on peut cartographier.

Cartes 16-17-18-19 :
Répartition géographique des différentes formes du nez.

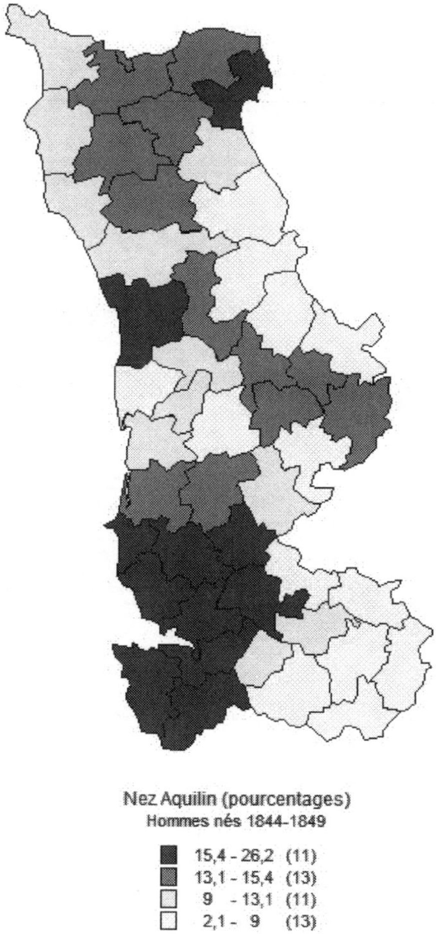

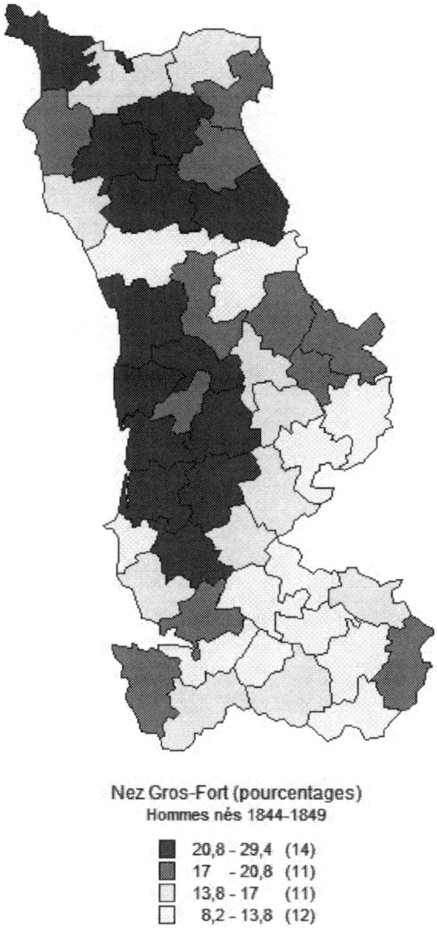

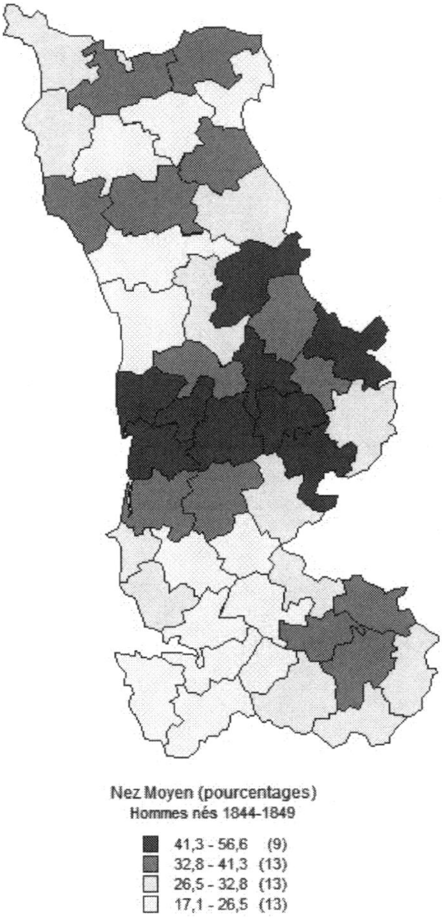

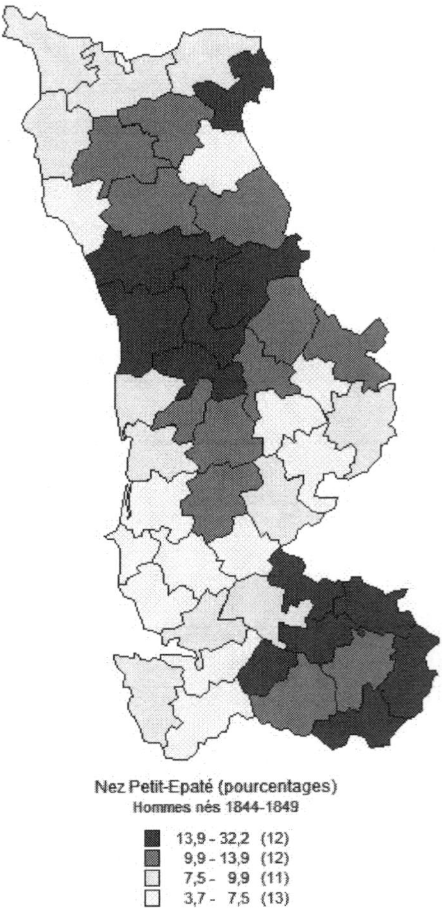

On retrouve ici encore une opposition Est-Ouest assez marquée sauf peut être pour la variable « nez moyen » qui semble concerner l'ensemble du centre du département. Les variations d'un canton, ou plutôt d'un ensemble de cantons, à un autre sont très marquées mais sans véritables continuités. Ainsi, le nez petit ou épaté se retrouve en fortes proportions aussi bien dans le Centre du département que dans le Sud-est.

6- Description de la bouche.

La description de la bouche est essentiellement celle de sa taille (grande, petite ou moyenne) dans près de 80 % des cas, plutôt que celle de son aspect (6,4 %).

Tableau 11 : Forme de la bouche dans la Manche à partir des fiches matricules. Hommes nés entre 1844 et 1849.

Description de la Bouche		
Forme	**Effectifs**	**Proportions**
Béante	224	1,86
Forte	140	1,16
Grande	1 364	11,34
Grosse	279	2,32
Moyenne	6 156	51,16
Petite	1 856	15,42
Saillante	127	1,06
Indéterm.	1 887	15,68
Total	12 033	100,00

Cartes 20-21-22-23 : Répartition géographique des différentes formes de la bouche.

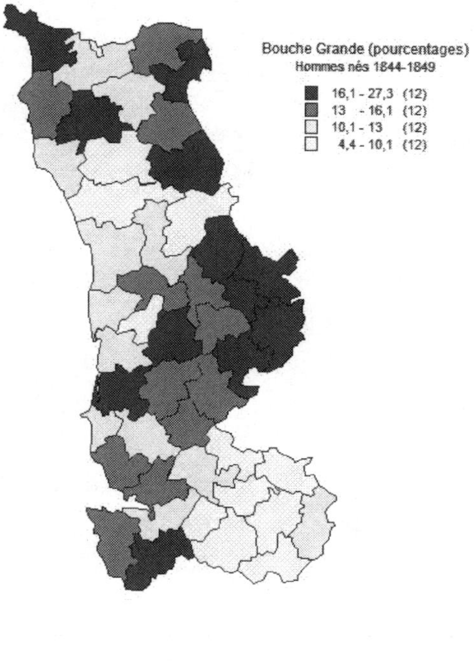

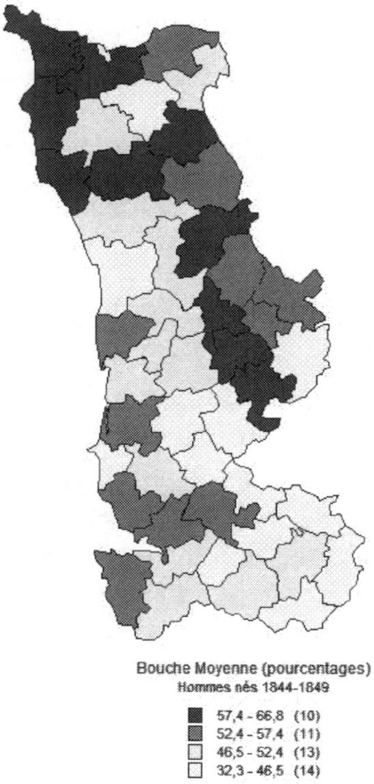

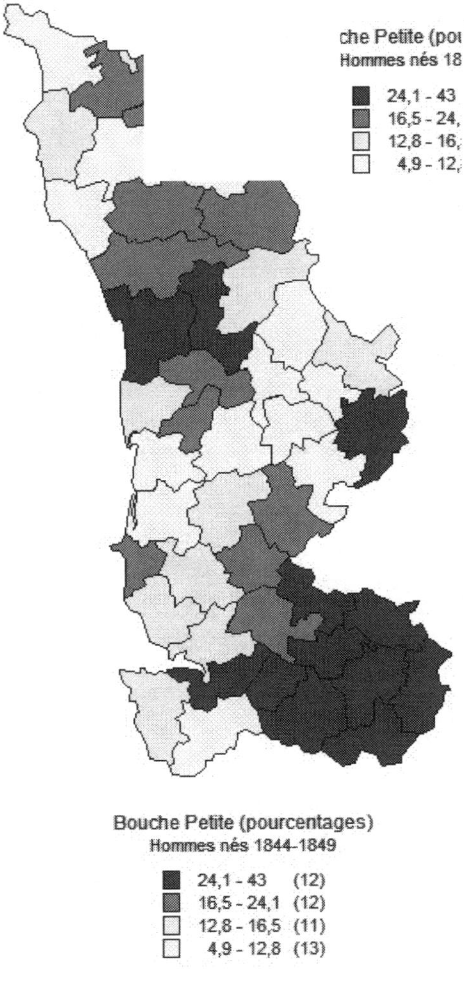

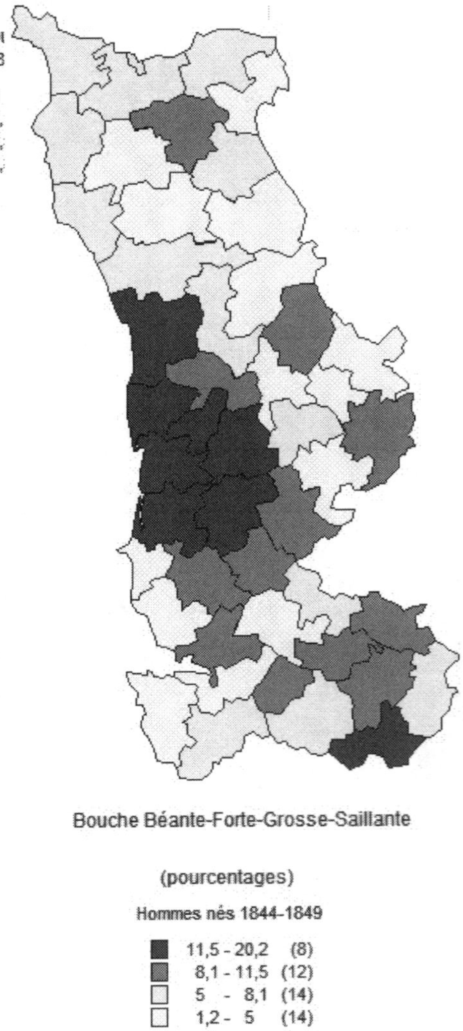

L'opposition Est-Ouest est plus marquée encore que pour le nez. Là encore, il n'y a pas de véritables continuités entre des îlots denses, ce qui n'est pas vraiment étonnant compte tenu des effectifs réduits qui restent en analyse après avoir décanté la variable « moyenne ». En effet plus de la moitié des conscrits ont une bouche qualifiée de moyenne. On remarquera tout de même les concentrations de bouches petites dans le Mortainais et de bouches saillantes ou fortes dans le Coutançais et enfin de grandes bouches dans le Saint-Lois.

7- Description du menton

Comment décrire la forme du menton. On oppose généralement un menton fuyant à un menton saillant. Dans le premier cas, la ligne de profil du menton, considéré de haut en bas, se dirige vers l'arrière alors que dans le second cas elle se dirige vers l'avant (parfois appelé menton en galoche). Les recenseurs ont noté également une particularité, somme toute non négligeable puisqu'elle touche plus de 6 % des conscrits, qui est celle du menton à fossette. Le menton à fossette possède un creux rond ou allongé sur sa pointe.

Tableau 12 : Forme du menton dans la Manche à partir des fiches matricules. Hommes nés entre 1844 et 1849.

Description du Menton		
Forme	**Effectifs**	**Proportions**
À fossette	703	5,84
Court	91	0,76
Large	191	1,59
Long	149	1,24
Pointu	743	61,7
Rond	8 240	68,48
Indéterm.	1 916	15,92
Total	12 033	100,00

La fréquence du menton rond est si massive (près de 70% des cas) qu'elle rend difficile la cartographie des autres formes et son interprétation. On remarque deux concentrations discontinues du menton à fossette au nord et au sud de l'échantillon.

Cartes 24-25-26 : Répartition géographique des différentes formes du menton.

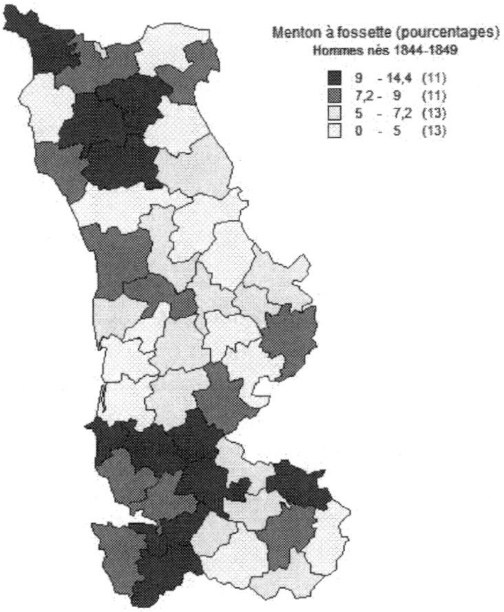

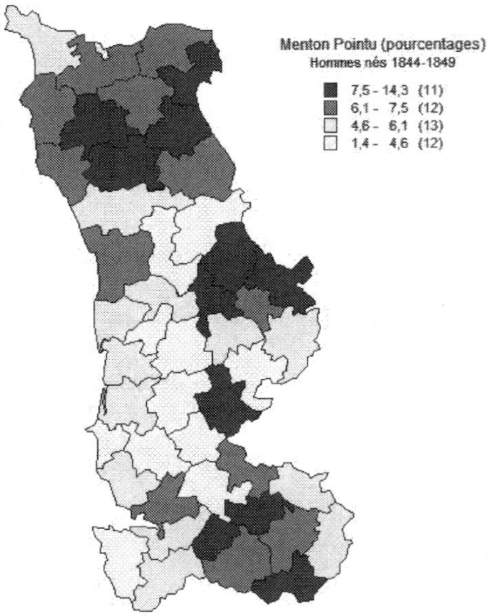

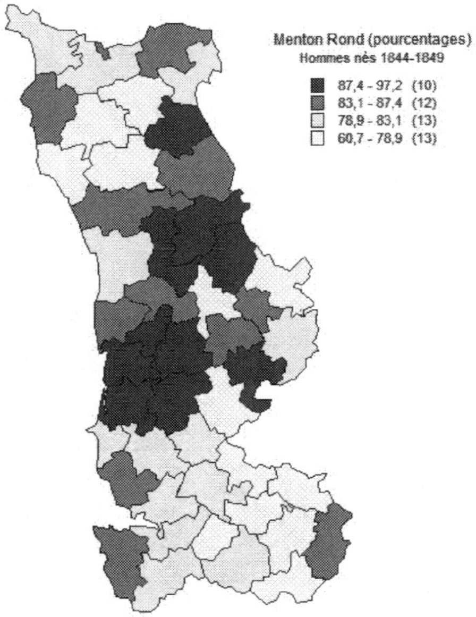

8- Description du visage

Le visage est généralement décrit en opposant la largeur de la face à sa hauteur. Lorsque la largeur est nettement inférieure à la hauteur, le visage est dit allongé ou étroit. On parlera de visage long en cas de développement anormal de la face en hauteur. Le visage est dit large lorsque la largeur de la face est presque égale à la hauteur. Il est rond lorsqu'il peut être inscrit dans un cercle et ovale lorsque que sa forme est proche de celle de l'œuf.

Les recenseurs fournissent parfois des indications relatives à l'état graisseux du visage : plein, osseux, etc.

Tableau 13 : Forme du visage dans la Manche à partir des fiches matricules. Hommes nés entre 1844 et 1849.

Description du Visage		
Forme	**Effectifs**	**Proportions**
Allongé	226	1,88
Large	358	2,98
Ovale	8 615	71,59
Plat	71	0,59
Plein	557	4,63
Rond	297	2,47
Indéterm.	1 909	15,86
Total	12 033	100,00

La forme du visage ovale est massivement représentée.

La cartographie montre une grande dispersion des différents caractères. Retenons aussi que les indications relatives à l'état graisseux du visage sont sans doute très influencées par les conditions de vie des populations.

Cartes 27-28-29-30 : Répartition géographique des différentes formes du visage.

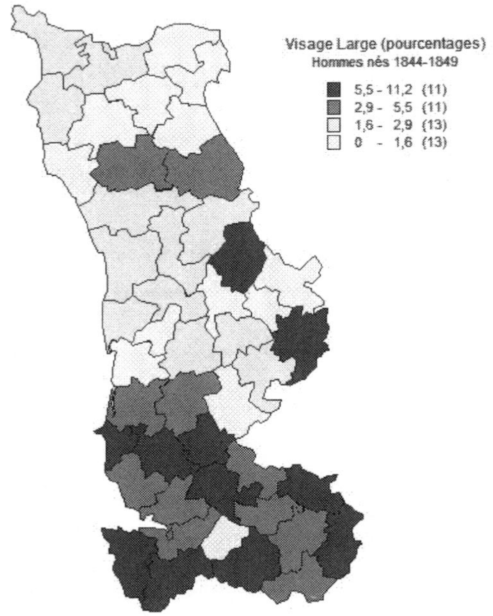

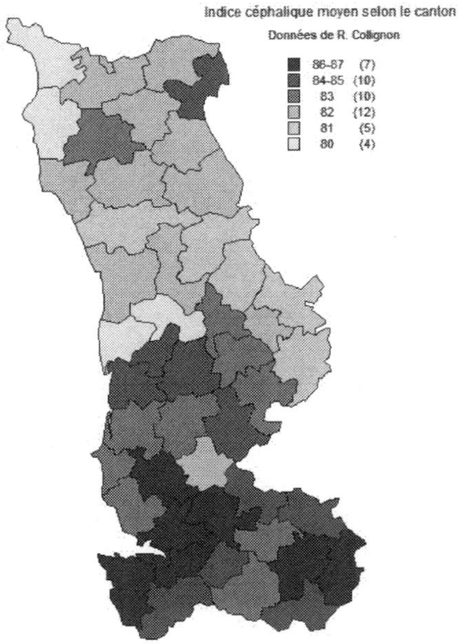

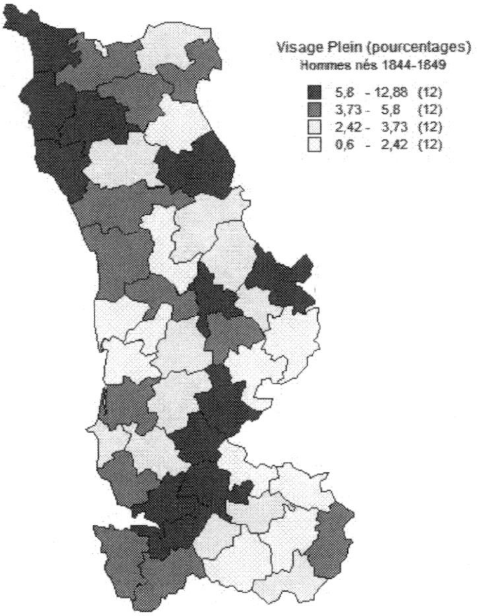

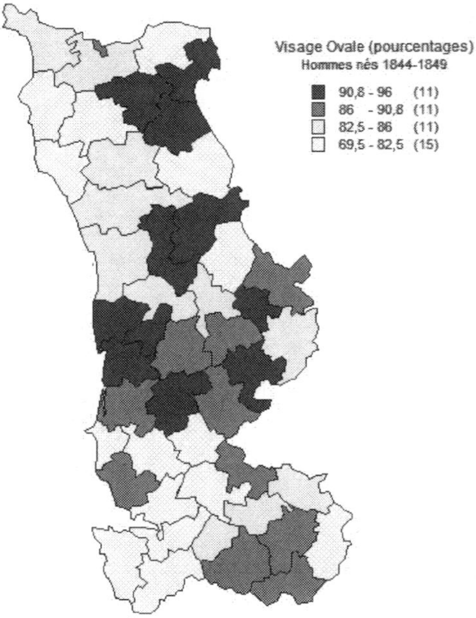

La répartition géographique du visage large correspond assez bien à celle de l'indice céphalique mesuré jadis par le docteur Collignon. Il faut rester prudent quant au sens à donner à ces résultats. Il s'agit d'une simple variabilité génétique qui concerne moins de 3 % de la population globale (distribuée selon les cantons de 1 à 11 %) et nous n'en tirerons assurément pas des conclusions d'ordre racial comme cela se faisait au début du XXe siècle. La coïncidence des résultats obtenus n'est d'ailleurs pas surprenante puisque la largeur du visage est l'une des composantes du calcul de l'indice céphalique. On se contentera d'observer une opposition entre Centre et Sud du département sur une ligne Granville-Percy.

9- Description du teint.

Les qualificatifs employés dans notre langue pour décrire la coloration et l'éclat du visage sont infinis[1]. Heureusement, les recenseurs ont limité à une dizaine les attributs utilisés que l'on peut regrouper en quatre groupes principaux et classer du plus clair au plus foncé : pâle, clair, coloré et brun. Ils utilisent également l'épithète « ordinaire » qui n'est pas très parlant en soi.

Tableau 14 : Description du teint dans la Manche à partir des fiches matricules. Hommes nés entre 1844 et 1849.

Description du Teint		
Forme	**Effectifs**	**Proportions**
Brun	1 559	12,96
Clair	3 188	26,59
Coloré	2 446	20,33
Ordinaire	2 011	16,71
Pâle	398	3,31
Indéterm.	2 431	20,20
Total	12 033	100,00

1. Blafard, blême, bronzé, cireux, clair, congestionné, éclatant, frais, hâlé, livide, lumineux, mat, rougeaud, basané, jaune, bistré, coloré, sanguin, fleuri, cramoisi, rubicond, bruni, etc.

Cartes 31-32 : Répartition géographique des différentes descriptions du teint.

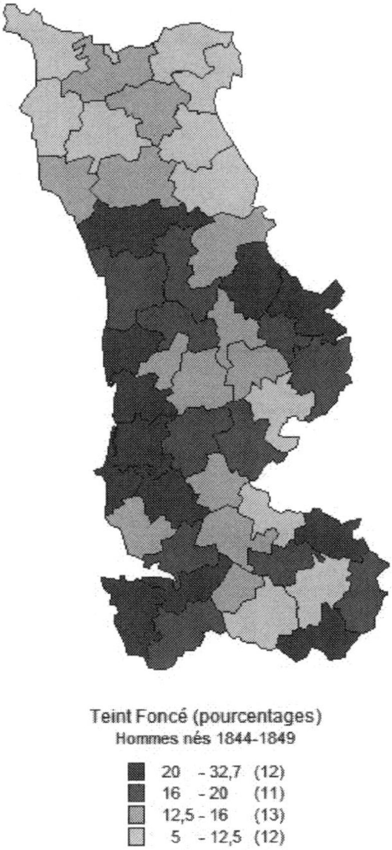

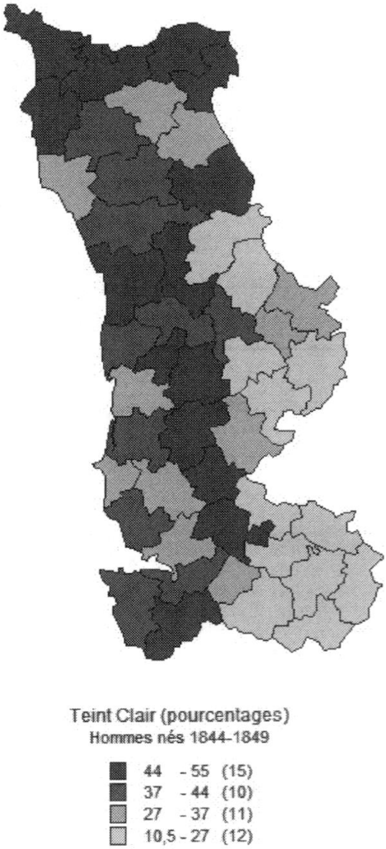

Le teint clair est nettement plus représenté dans le Nord du département. En dehors de cette constatation, il n'y a pas de concentrations clairement identifiables. On remarque tout de même une bande côtière et une zone orientale où les hommes au teint plus foncé seraient un peu plus nombreux, tandis qu'au centre du département ils auraient le teint un peu plus clair.

La description du teint est parfois complétée dans les registres matricules par la mention de tâches de rousseur. Les éphélides, ou taches de rousseur, sont de petites macules pigmentées[1], apparaissant dans

1. Elles sont planes. Leur taille varie de 1 à 5 mm. Elles peuvent cependant former par coalescence des taches plus grandes. Elles sont de couleur brun clair ou ocre, mais cette pigmentation s'accentue avec le soleil, et au contraire s'éclaircit après

l'enfance sous l'effet de l'exposition au soleil, plutôt chez les sujets de phototype clair, en particulier les roux. Bien que leur apparition soit liée à l'ensoleillement, elles ont une origine génétique et se transmettent sur un mode autosomique dominant[1].

La représentation géographique de cette variable dessine deux pôles excentrés au Nord-Ouest du département (La Hague) et au Sud-Est (Mortainais).

Cartes 33 : Répartition géographique des individus avec tâches de rousseur (proportions).

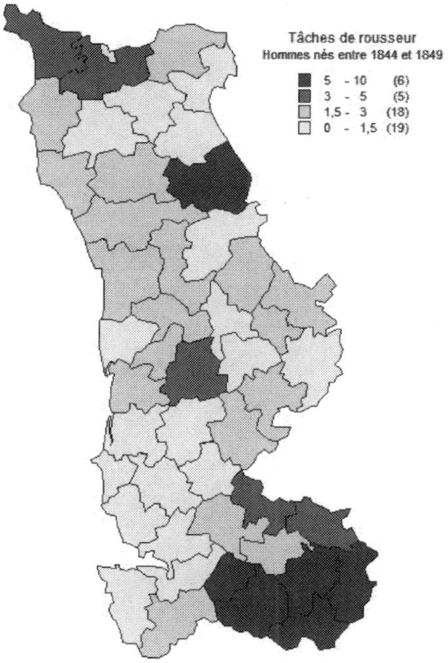

l'exposition. Elles se localisent symétriquement et de façon profuse sur les zones exposées à la lumière (visage, dos des mains, décolleté, partie haute du dos, etc.) et respectent les muqueuses. Absentes à la naissance, elles apparaissent le plus souvent au cours des trois premières années de la vie et augmentent en nombre avec l'âge, puis ont tendance à disparaître. C'est généralement entre 5 et 15 ans qu'elles sont le plus évidentes (Wikipedia).

1. L'importance de l'hérédité dans l'apparition des taches de rousseur a été démontrée. On a par exemple constaté que leur nombre peut être nettement différent chez les faux jumeaux, mais toujours du même ordre chez les vrais jumeaux. Comme leur lien privilégié avec la rousseur le laissait penser, la présence d'éphélides (et dans une moindre mesure de taches de soleil) est plus fréquente chez les porteurs de variantes du gène MC1R liées à la rousseur.

III

Les variables culturelles

Les registres matricules fournissent des informations, parfois de manière involontaire, qui nous permettent de poursuivre l'analyse de l'homogénéité du peuplement, au travers d'une étude des variables culturelles.

1- Origine Sociale

L'enregistrement de l'identité des parents des conscrits autorise une mesure de l'illégitimité, phénomène révélateur d'attitudes devant la vie, et du poids des conventions sociales. Il faut garder à l'esprit que la source utilisée ne nous permet d'appréhender qu'une partie du phénomène, celle que l'on peut déduire de l'absence d'identité du père. Or certains enfants illégitimes ont été reconnus entre leur naissance et leur vingtième anniversaire, sans qu'il soit possible d'en évaluer la proportion, ce qui interdit donc toute comparaison avec les niveaux d'illégitimité habituellement mesurés lors de la naissance.

Dans notre étude, ce n'est pas tant le taux d'illégitimité en soi qui nous intéresse mais plutôt les différences spatiales observées, dans les mêmes conditions, dans les divers cantons et leur représentation géographique.

Un phénomène corolaire à l'illégitimité est celui de la diffusion des matronymes. Un matronyme est, selon Dominique Fournier auquel nous empruntons une excellente mise au point[1], un nom de famille ayant pour origine un prénom de baptême ou un surnom féminin. Les matronymes constituent l'une des caractéristiques fortes de l'anthroponymie de la Manche. C'est, en effet, dans le Calvados et dans la Manche, que l'on rencontre les plus forts taux de matronymes en

1. Dominique Fournier, « Matronymes normands », in *Histoire et Traditions Populaires* n° 89 (mars 2005), p. 53-62.

France. Les enfants recevaient le prénom de leur mère pour nom de famille lorsque celle-ci était seule, abandonnée, mère célibataire, veuve non remariée, ou lorsqu'elle avait un statut social ou juridique plus important que celui du mari. L'emploi de matronymiques est apparu en Normandie dès la première moitié du XIe siècle. Beaucoup de matronymes sont cependant de fixation assez tardive, car la pratique de donner systématiquement le prénom de la mère comme nom de famille à un enfant né hors mariage s'est répandue à partir du XVIIe siècle et est demeurée la règle en Basse-Normandie jusqu'au 19e siècle selon Fernand Lechanteur[1]. On a attribué ce phénomène, entre autres causes, à la pratique médiévale vivace du mariage « more danico » (à la mode des Danois), c'est-à-dire du concubinage socialement admis dès lors que les familles avaient accepté d'allier leurs enfants[2]. Les enfants issus de ces unions, pour illégitimes qu'ils fussent, n'en jouissaient pas moins d'un statut légal assez favorable, et d'une remarquable intégration sociale[3].

---

1. Fernand Lechanteur « Matronymes en Basse-Normandie », in *Actes du 3e Congrès International de Toponymie et d'Anthroponymie III*, Louvain, 1951, p. 756-763. L'auteur montre en particulier que les noms de ce type sont centrés sur le Bessin et le Saint-Lois, ce que nous constatons également dans ce chapitre.
2. Cette alliance, appelée parfois « accordailles» semble le point de départ effectif de l'union qui sera par la suite sacralisée par le mariage. Le contrat de mariage qui s'est généralisé au XVIIe siècle dans le Cotentin, et qui est souvent antérieur au mariage de plusieurs mois, semble une véritable survivance des accordailles. L'intervalle de temps entre contrat de mariage et mariage explique en partie les niveaux de conceptions prénuptiales élevés que l'on observe dans cette région.
3. Fernand Lechanteur, « Les noms de famille féminins », in *La Normandie traditionnelle II*, OCEP, Coutances, 1985, p. 155.

Cartes 34-35 : Conscrits nés illégitimes
et Conscrits portant un Matronyme.

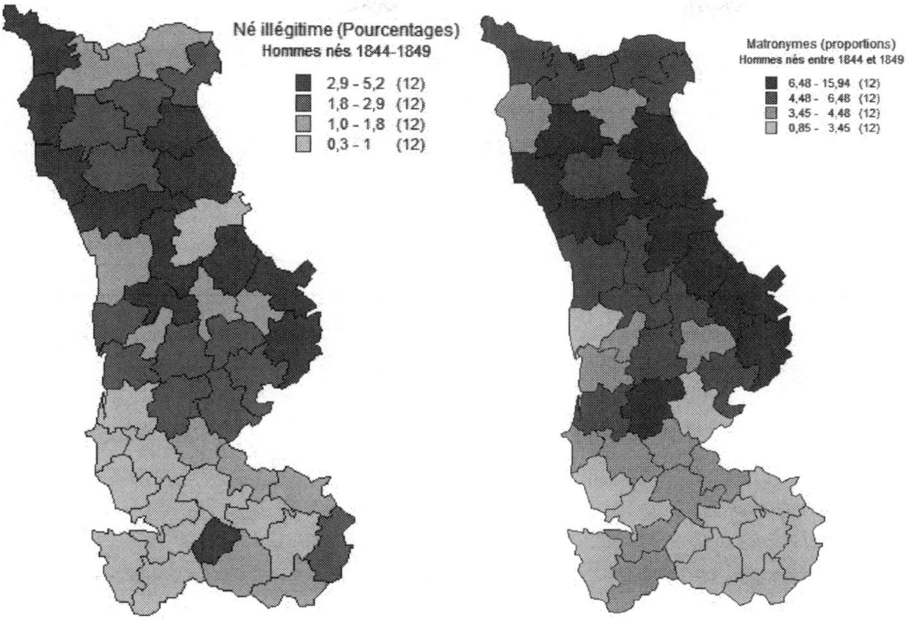

Le phénomène est nettement ancré au nord et dans une moindre mesure au centre du département. Les résultats sont très concordants entre les deux phénomènes, ce qui renforce l'hypothèse d'un enracinement très profond de ce type de pratiques.

On observe ici encore la coupure récurrente entre Centre et Sud du département sur la ligne Granville-Percy.
Le faible taux de naissances illégitimes dans la partie sud suggère un comportement radicalement différent. L'illégitimité y est, sans aucun doute, moins bien acceptée et pousse plus de mères à abandonner leur enfant. Nous constatons à cet égard que 42 conscrits sur les 50 déclarés sans parents connus, sont originaires du tiers sud du département.

2- Degré d'instruction

Le degré d'instruction, avec près de 25% de lacunes, est sans aucun doute la variable la moins bien enregistrée que l'on relève dans les registres matricules. La mobilité des conscrits est, à n'en pas douter, la cause principale des oublis car on remarque une bonne corrélation entre les zones où les déficits sont les plus importants et zones de départ des émigrants (en gros le sud du département).

Toutefois, ces omissions n'interdisent pas une mesure assez précise du phénomène. La première remarque est que près de 9 hommes sur 10 savent lire et écrire à cette époque.

Cartes 36-37 : Répartition géographique du niveau d'instruction.

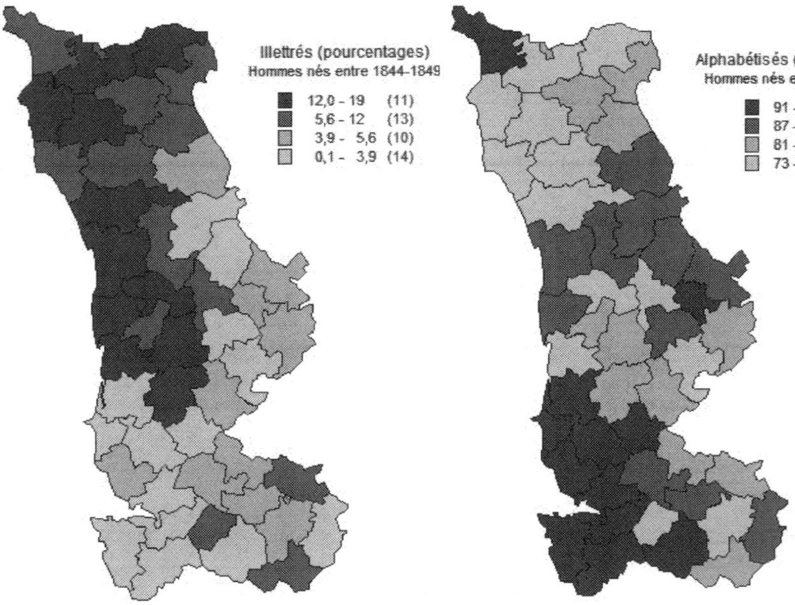

On observe une concentration homogène et continue du Nord au Centre-Ouest du département qui représente les zones où l'illettrisme est le plus diffusé. Il convient de relativiser ces résultats dans la mesure où l'illettrisme ne concerne en moyenne que 8% des recrues, avec pour maximum 19% à Bricquebec. Avec la Hague, le Granvillais et l'Avranchin sont les régions où l'alphabétisation est la plus forte avec des pointes supérieures à 95% (Saint-James et Ducey). En dehors de la partie Nord du département, l'opposition entre Est et Ouest est ici encore manifeste. De même, la coupure entre Centre et Sud sur une ligne Granville-Percy est une fois encore assez marquée.

La profession

Tableau 15 : Professions les plus représentées.
Hommes nés entre 1844 et 1849

Professions les plus représentées. Hommes nés entre 1844 et 1849

Profession	Nombre	Fréq.	Fréq. Cum.	Profession	Nombre	Fréq.	Fréq. Cum.
domestique	3131	**25,11**	25,11	boulanger	107	**0,86**	74,99
cultivateur	3072	**24,64**	49,75	meunier	91	**0,73**	75,72
laboureur	479	**3,84**	53,59	clerc de notaire	91	**0,73**	76,45
journalier	415	**3,33**	56,92	sabotier	73	**0,59**	77,04
maréchal	348	**2,79**	59,71	tisserand	69	**0,55**	77,59
menuisier	294	**2,36**	62,07	couvreur	61	**0,49**	78,08
charpentier	282	**2,26**	64,33	boucher	54	**0,43**	78,51
cordonnier	180	**1,44**	65,78	propriétaire	49	**0,39**	78,91
jardinier	175	**1,40**	67,18	peintre	49	**0,39**	79,30
étudiant	169	**1,36**	68,54	militaire	45	**0,36**	79,66
maçon	165	**1,32**	69,86	ferblantier	41	**0,33**	79,99
marchand	153	**1,23**	71,09	cocher	40	**0,32**	80,31
fondeur	132	**1,06**	72,14	commis	40	**0,32**	80,63
tailleur de pierres	124	**0,99**	73,14	serrurier	40	**0,32**	80,95
marin	124	**0,99**	74,13	autre	2375	**19,05**	100,00

Des 550 professions différentes enregistrées dans les registres matricules, nous ne reteindrons que les plus représentées. On constate immédiatement que près des deux tiers des conscrits sont employés dans des métiers de la terre. En vérité, ils sont sans doute plus nombreux encore à exercer une activité liée à l'agriculture car nombre d'artisans sont également des exploitants agricoles.

Cartes 38-39 : Monde de la terre et élites.

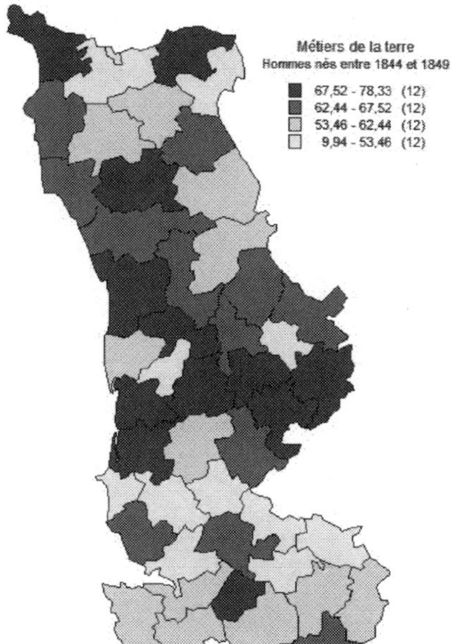

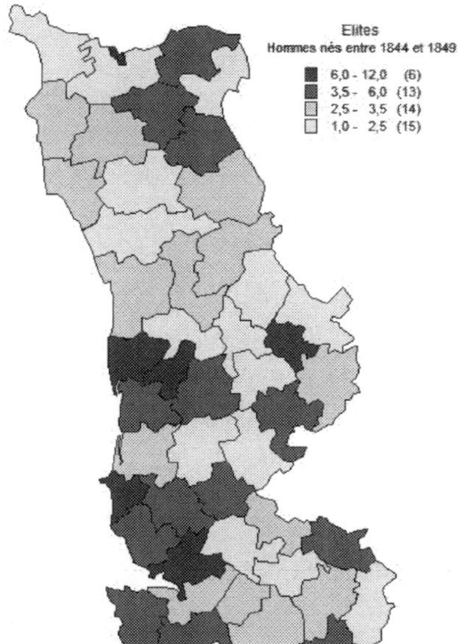

Les métiers de la terre sont certes présents dans tout le département, mais ils sont particulièrement représentés dans le Centre et plus faiblement dans le Sud. Les élites sont indiscutablement urbaines et se concentrent un peu plus dans la partie Sud du département.

3- Migrations

La première observation est que le bilan migratoire des conscrits de la Manche recensés entre 1864 et 1869 est nettement en faveur de l'émigration. Les sortants sont, en gros, 5 à 6 fois plus nombreux que les entrants (2316 contre 430). Considérons en premier lieu les immigrants. Qui sont-ils et d'où viennent-ils ?

Ils ont un niveau social plus élevé car 9,8 % appartiennent à la catégorie des élites (propriétaires, rentiers, professions libérales, étudiants, certains fonctionnaires, etc.) contre 3,7 % des natifs. L'écart est encore plus important si l'on décante du groupe des immigrants ceux qui proviennent des cantons frontaliers, la proportion des élites monte alors à 15 %.

Cartes 40 : Origine géographique des immigrants.

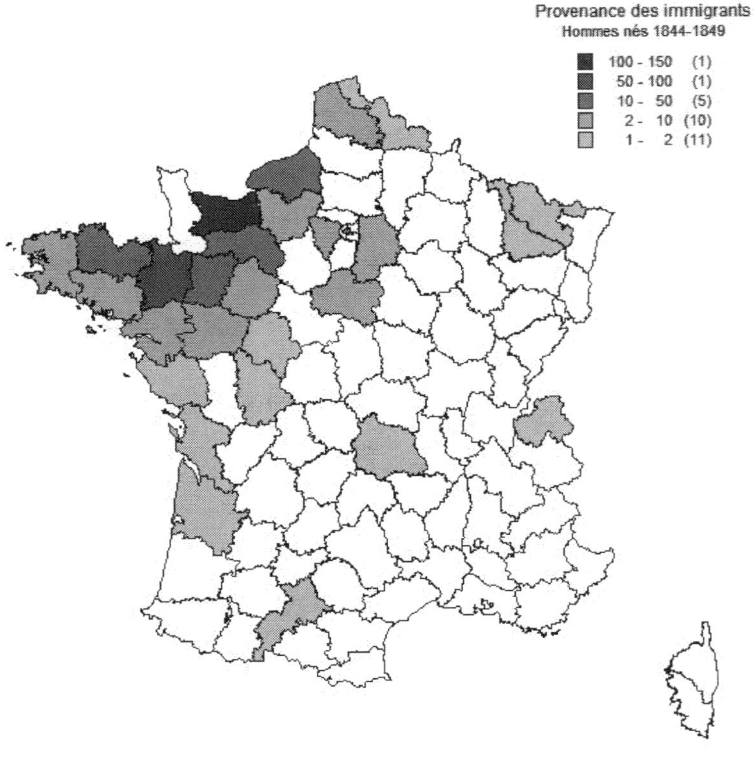

Les immigrants proviennent essentiellement des départements limitrophes, en particulier du Calvados. Remarquons que l'apport breton est conséquent (113) même s'il reste nettement inférieur à celui des départements normands (213). Les entrants s'installent, pour la moitié d'entre eux, dans les cantons de la Manche qui ont une frontière avec leur département d'origine. Il s'agit souvent dans ce cas de micro déplacements dans des communes contigües que sépare une frontière départementale. Seul, un immigrant sur quatre s'installe dans l'une ville de la Manche. Ces résultats montrent le faible pouvoir attractif du département de la Manche à l'époque du second empire. Les vrais immigrants, après élimination des frontaliers, sont en vérité moins de 2 % du total des conscrits.

Les émigrants

Tableau 16 : Destinations des émigrants.
Hommes nés dans la Manche entre 1844 et 1849

Émigrants		
Destination	**Effectifs**	**Proportions**
Calvados	574	24,78
Orne	78	3,37
Jersey	63	2,72
Ille et Vilaine	39	1,68
Mayenne	6	0,26
Eure	53	2,29
Seine Maritime	157	6,78
Paris	940	40,59
Autre	221	9,54
Non précisé	185	7,99
Total	2 316	100,00

La moitié des émigrants qui s'installent dans les départements limitrophes sont originaires des cantons voisins. Ces déplacements font partie, comme précédemment pour les immigrants, d'échanges entre communes voisines et ne sont pas véritablement des migrations. Ainsi les vrais émigrants sont environ 2000 dont près de la moitié s'établit dans la Seine. Un peu plus d'un émigrant sur trois choisit de s'installer dans l'un des départements normands dont 10% partent pour la Haute Normandie. Il s'agit d'un courant migratoire très ancien qui existait déjà au XVIIe siècle[1] et dont l'origine est probablement bien plus ancienne. L'excédent démographique de la Manche a ainsi largement contribué au peuplement des principales villes normandes (Caen, Evreux, Rouen, Le Havre) et à celui de la capitale.

Les émigrants sont, comme les immigrants, d'un rang social légèrement plus élevé que la moyenne (7,4 % du groupe des élites) et plus encore lorsqu'ils s'installent à Paris (8,8%). Il n'y a donc pas de corrélation directe entre pauvreté et migration.

Cartes 41-42 : Migrants et sédentaires.

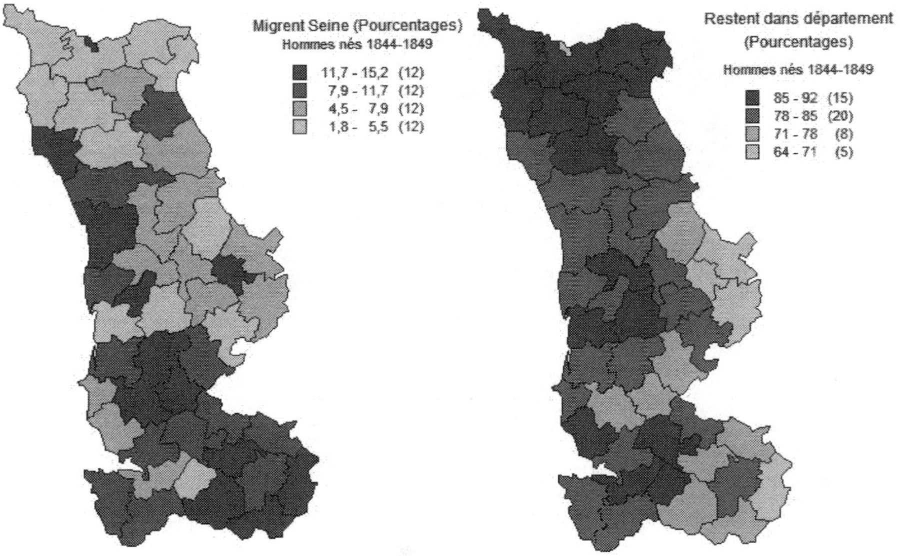

On retrouve la séparation Nord-Sud déjà mise en évidence lors de la mesure des niveaux d'alphabétisation, ce qui n'est pas surprenant puisque 92 % des émigrants sont alphabétisés, et dans une moindre mesure entre l'Est et l'Ouest si l'on exclut le Nord du département.

1. Travaillant sur les archives notariales de la commune de Brix de la première moitié du XVIIe siècle, j'ai été frappé par le nombre de mentions de personnes résidantes à Paris, indiquées dans les actes en tant que parents des contractants. Par ailleurs, 75 % des hommes mariés au Havre aux XVIIe et XVIIIe siècles étaient originaire du diocèse de Rouen et 25 % étaient des immigrants plus lointains. Mais parmi ces derniers, 17 % provenaient de la Manche (je tiens ces données de Jean Louis Dine qui a eu la gentillesse de me fournir lorsqu'il préparait sa thèse sur la population du Havre, non publiée).

4- Les condamnations

Les condamnations mentionnées dans les registres matricules permettent de se faire une idée des comportements hors norme du point de vue social adoptés par certains conscrits, et au travers des sanctions, d'approcher les valeurs qui cimentent la société que nous étudions.

En effet, le non respect des règles implicites ou explicites qui organisent les comportements sociaux ne doit pas être simplement considérer comme le fait d'individualités rebelles mais plutôt comme le révélateur d'une culture diffuse. Un groupement humain, organisé dans le cadre d'une région d'une paroisse ou d'un ensemble de familles, secrète ses propres valeurs qui coïncident plus ou moins avec des règles plus générales (les lois par exemple). Et c'est justement lorsque les normes générées par le groupe s'écartent des règles sociales généralement diffusées que la transgression est facilitée dans la mesure où elle n'est pas objet de réprobation de la part du groupe. Cela est particulièrement clair pour les petits délits comme les rixes, les outrages ou l'ivresse publique.

Nous observons que 4% des hommes enregistrés ont été condamnés à un moment ou à un autre de leur vie militaire. Nous ne disposons malheureusement pas d'autres exemples en la matière qui nous permettraient des comparaisons, et de situer le degré de criminalité constaté dans la Manche par rapport à celui des autres départements. La récidive n'est pas négligeable puisque les individus condamnés l'ont été, en moyenne, une fois et demie (449 condamnations pour 295 soldats).

Tableau 17 : Condamnations et durée moyenne de l'incarcération.
Hommes nés entre 1844 et 1849

Condamnations et durée moyenne de l'incarcération				
Motivation	Effectifs	**Durée moyenne de l'incarcération**		
		en jours	en mois	en année
Braconnage	7	8	0,27	0,02
Contravention diverse	3	8	0,27	0,02
Ivresse	17	9	0,30	0,02
Outrage à agent	26	10	0,33	0,03
Outrage et ivresse	11	13	0,43	0,04
Mendicité	59	35	1,17	0,10
Contrebande	5	44	1,47	0,12

Bris de clôtures	6	62	2,07	0,17
Coups et blessures	60	87	2,97	0,24
Insoumission	19	91	3,03	0,25
Rébellion	9	92	3,07	0,25
Vol	99	123	4,40	0,34
Escroquerie	38	165	5,50	0,45
Vol de bétail	7	524	17,47	1,44
Menaces	11	607	20,23	1,66
Désertion	11	743	24,77	2,04
Autre cause	8	745	24,83	2,04
Attentat à la pudeur	10	991	33,03,	2,72
Homicide involontaire	3	1 095	36,50	3,00
Non précisé	15	1 600	53,33	4,38
Vol qualifié	17	1 744	58,13	4,78
Tentative de viol	3	1 825	60,83	5,00
Faux et usage de faux	5	2 190	73,00	6,00
Total	449	306	10,20	0,84

La moitié des délits sont de petits délits dont la durée moyenne d'incarcération est légèrement supérieure à un mois. Le vol représente plus du quart des méfaits alors que l'ivresse concerne moins de 5% des délits. Cela ne veut bien sûr pas dire que le phénomène est marginal mais plutôt qu'il s'agit d'un comportement qui ne requiert pas forcément l'incarcération. Les coups et blessures totalisent près de 14% des condamnations, ce qui montre que le recours à la violence est assez diffusé.

On note le cas, un peu étonnant, d'une condamnation à perpétuité pour une tentative de viol et attentat à la pudeur alors que ce type de délit conduisait habituellement à 5 ans de prison, mais peut être, y a-t-il eu décès de la victime.

Nous ne tenterons pas ici d'interpréter ces phénomènes ou d'en rechercher les fondements mais simplement de constater les variations géographiques qui mettent en évidence des cultures sensiblement différentes, et dessinent des frontières culturelles.

Près de la moitié des vols sont commis dans la partie Nord du département (48 %) alors que les coups et blessures sont plutôt un phénomène que l'on constate dans le Sud (40 %). On observe à cet égard que ce surcroît de violence dans le Sud est confirmé par la proportion nettement supérieure de conscrits qui présentent des cicatrices au visage. Les cicatrices au visage sont généralement la mémoire sur la peau d'épisodes violents et traduisent l'enracinement d'un comportement violent.

Cartes 43-44 : Condamnations, Cicatrices

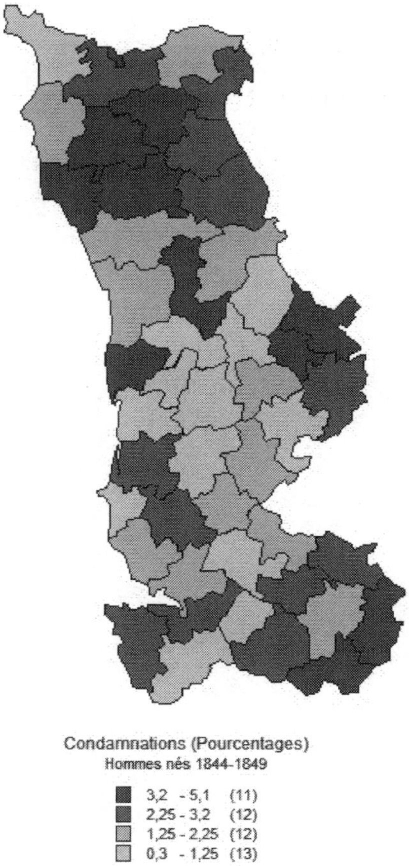

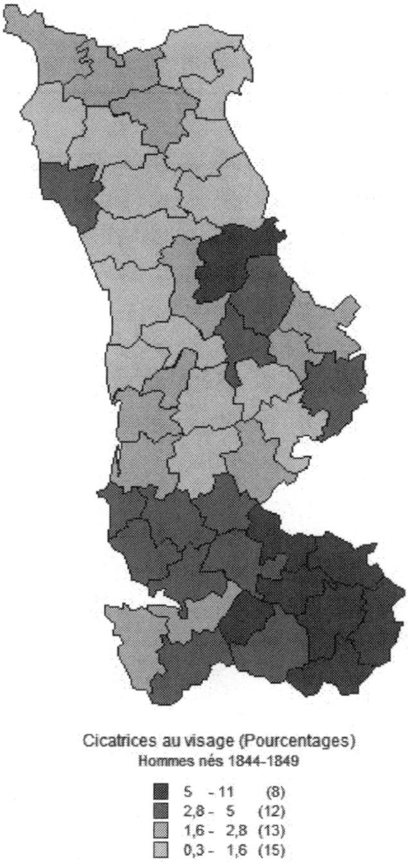

5- Cicatrices au visage

La répartition géographique est nettement polarisée. En gros, les condamnations sont au Nord des sanctions pour vol ou pour outrage (44 % des outrages à officier public) alors qu'elles sont plutôt des punitions pour vagabondage ou pour violence dans le Sud, ce que confirme par la plus forte proportion de balafrés qu'on y rencontre.

6- Réformés et soutiens de famille

Enfin nous terminerons l'analyse des variables culturelles par une dernière considération concernant l'état sanitaire de la population que l'on peut entrevoir de manière indirecte au travers des informations telles que les cas de réforme ou d'ajournement pour cause de soutien de famille. Les motivations de la réforme n'étant malheureusement pas toujours fournies, il est difficile d'en produire une statistique précise. On se limitera à dresser une liste des principales causes qui sont : la faiblesse de constitution, l'infirmité pour malformation ou blessure, le défaut de taille et la maladie. La faiblesse de constitution semble prédominer, suivie des blessures et des maladies, notamment la tuberculose, alors que le défaut de taille est rarement indiqué. Le second indicateur de l'état sanitaire est fourni par les ajournements pour cause de soutien de famille. Nous pouvons y lire le poids d'une mortalité différentielle qui a touché la génération des parents des conscrits.

Cartes 45-46 : Réformés et soutiens de famille

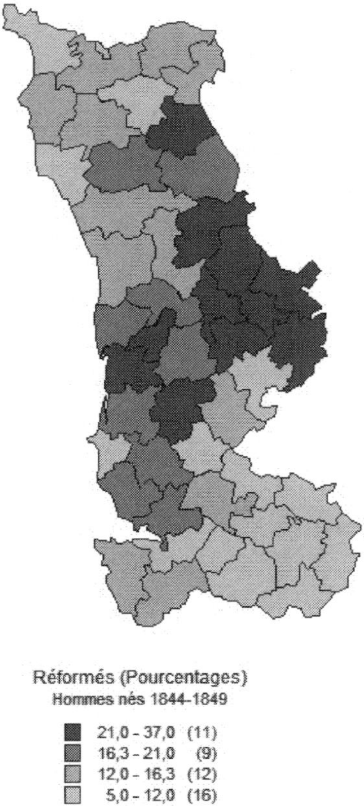

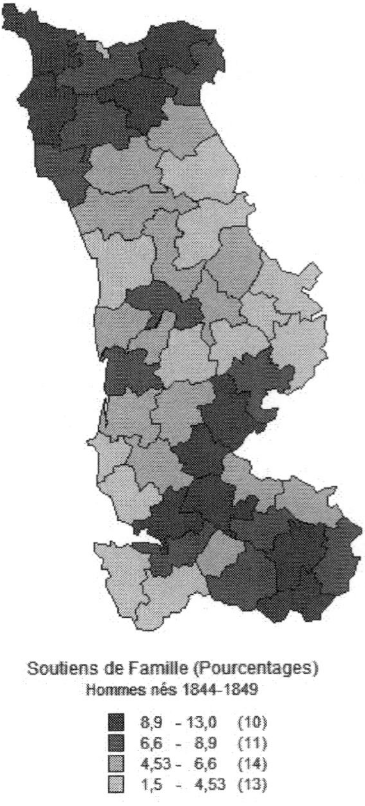

Les cas de réforme se concentrent très fortement dans la partie Centre-Est du département alors que les ajournements pour cause de soutien de famille se polarisent au Nord et au Sud-Est. Cela explique que les zones qui fournissent la plus grande proportion de soldat sont aussi celles qui auront, en proportion, le plus grand nombre de morts lors de la guerre de soixante-dix comme on le constate sur la carte suivante. Les victimes ont d'ailleurs été plus souvent emportées par la maladie, par la fièvre typhoïde notamment, plutôt que tuées au combat.

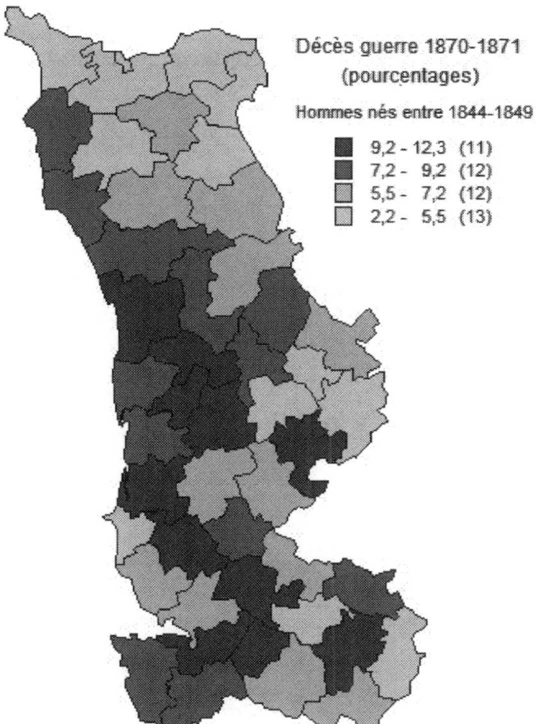

Cartes 47 : Décès durant la guerre de 1870-1871

Les variables culturelles ont une cohérence géographique moins nette que les variables physiques. La seule vraie ligne de rupture se dessine entre le Centre et le Sud du département, sur un axe Granville-Percy plusieurs fois mentionné.

IV

Synthèse des résultats

1- Mise en évidence de frontières

Les variables analysés montrent une grande diversité dans leur représentation géographique. Toutefois nous observons, pour chacune des cartes présentées dans les pages précédentes, que la projection des variables dessine des blocs souvent cohérents, des récurrences homogènes séparées par des lignes de fracture, en un mot par des frontières. Pour les mettre en évidence de manière assurée et mesurer leur importance, nous avons adapté, en la simplifiant, la méthode appelée Wombling[1] qui est l'une des principales techniques utilisées par les anthropologues pour identifier les zones géographiques de changement rapide, les zones de rupture où l'on observe une évolution aiguë dans la valeur d'une variable[2]. Pour détecter les zones de changements abrupts qui pourraient exister, nous avons abandonné le calcul de la variance spatiale au profit du cumul des différences absolues que l'on constate pour chaque caractère des variables entre deux cantons limitrophes[3]. Ainsi, la différence

1. Cette méthode porte le nom du statisticien William H. Womble.
2. Le taux de changement observé dans un espace pour un ensemble de surface de variables, peut être estimé par la somme (ou la moyenne) des vecteurs gradients en ce point. Cette somme représente la variance spatiale locale (Bacro et Bocquet-Appel, 1994). Cartographier la variance spatiale permet de représenter l'intensité du changement en tous points pour l'ensemble des surfaces de variables. Pour approfondir, voir Bocquet Jean-Pierre. Barrières à la diffusion spatiale de l'information en France vers 1900. In : Population, 49e année, n° 4-5, 1994. p. 1138-1145.
3. A titre d'exemple, prenons deux cantons Valognes et Montebourg. Considérons le caractère « bleu » de la variable « couleur des yeux ». Dans le canton de Montebourg, la fréquence moyenne de ce caractère est de 38,19 % et dans le canton de Valognes, elle est de 45,53 %. La différence est donc de 45,53 moins 38,19 soit de 7,34. Prenons maintenant les yeux gris, ils ont pour fréquence 28,14 à Montebourg et 26,46 à Valognes soit une différence de 1,68. On cumule les différences entre Valognes et Montebourg soit ici 7,34 et 1,68 c'est-à-dire 9,02. On procède ainsi pour tous les caractères des différentes variables. Si je confronte maintenant le canton de Valognes à celui de Bricquebec, je constate que pour les yeux bleus la diffé-

entre les valeurs cumulées des variables de deux cantons sera d'autant plus grande que les profils des cantons seront éloignés.

Si les valeurs prises par les variables étaient aléatoires, la somme des différences entre les cantons serait pratiquement la même car certaines divergences seraient compensées par des ressemblances, et il serait impossible d'identifier les lignes de fracture, et quand bien même on y parviendrait, elles risqueraient de ne pas présenter de continuité entre elles.

Or les résultats obtenus montrent au contraire qu'il existe une vraie continuité géographique des fortes différences (trait noir) mettant en évidence des frontières très cohérentes. Cela est un peu moins net pour les différences moyennes (trait rouge). Dans les cartes qui suivent, on se limitera à représenter les plus fortes différences obtenues.

Cartes 48-49 : Frontières des variables physiques (à gauche) et des variables culturelles (à droite).

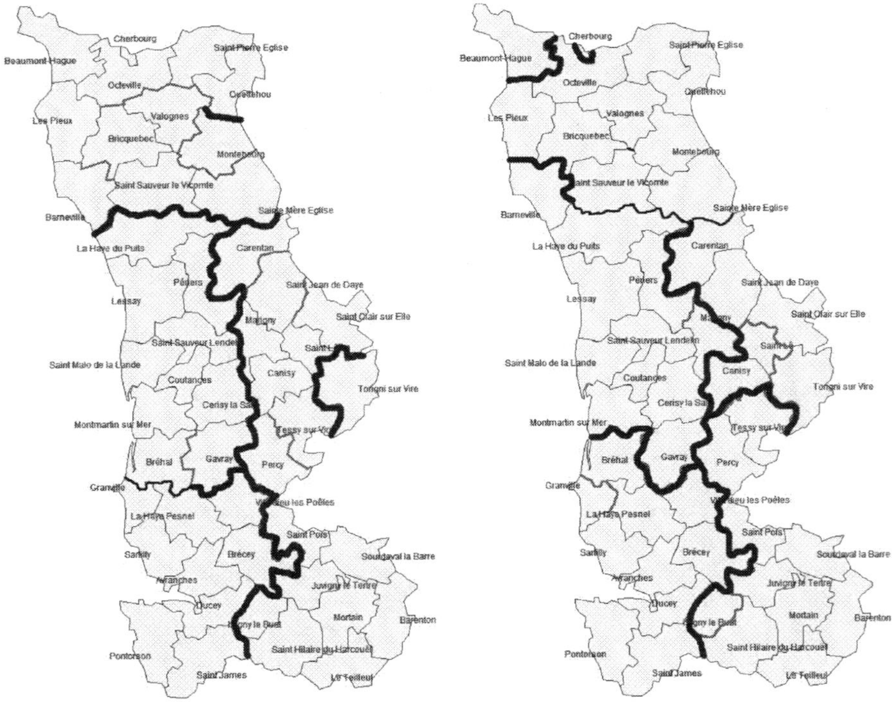

rence n'est que de 2,36 (45,53 contre 43,17) et pour les yeux gris de 1,96 (28,42 contre 26,46). La somme des différences entre Valognes et Bricquebec n'est que de 4,32. Si l'analyse des autres caractères donne des résultats similaires, nous pourrons conclure qu'il existe une plus grande proximité entre Valognes et Bricquebec qu'entre Valognes et Montebourg.

Même si la concordance entre les deux cartes n'est pas absolue, on observe une bonne similitude entre les frontières établies à partir des variables physiques et celles qui proviennent des variables culturelles. L'opposition entre Est et Ouest est à peu près la même dans les deux cas, et elle est particulièrement marquée dans le Sud du département.

Si l'on rassemble maintenant l'ensemble des variables qu'elles soient physiques ou culturelles on obtient la carte suivante.

Cartes 50-51 : Frontières pour l'ensemble des variables
et vecteurs de provenance des immigrants.

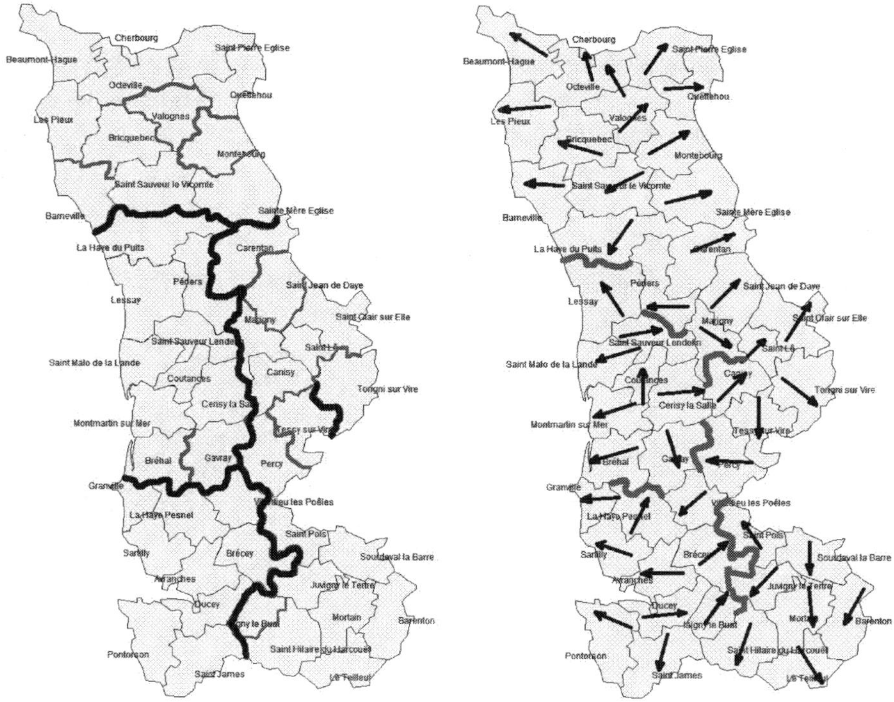

La somme des différences met en évidence cinq zones très marquées sur la première carte :

– une zone située au nord d'une ligne Barneville-Sainte-Mère-Église qui est composée de plusieurs sous-ensembles assez clairement identifiables.

– une zone centre-ouest très homogène depuis la Haye-du-Puits jusqu'à Bréhal

– une zone centre-est de Carentan jusqu'à Percy qui possèdent quelques discontinuités.

– une zone sud-ouest de Granville à Saint-James très homogène
– une zone sud-est de Saint-Pois au Teilleul, également très homogène.

Les cinq zones ont étonnamment des dimensions assez proches. Elles sont composées d'une petite dizaine de cantons.

Cette mise en évidence de frontières est corroborée par l'analyse des migrations inter-cantonales[1].

L'opposition récurrente, remarquée dans l'analyse de nombreuses variables, entre le Centre et le Sud du département sur une ligne Granville-Percy a déjà été remarquée par des anthropologues et des linguistes, notamment par Charles Joret[2], historien de la littérature, philologue et botaniste français du XIXe siècle. Joret mit en évidence la présence dans la Manche d'une isoglosse, c'est-à-dire d'une ligne imaginaire séparant deux zones géographiques qui se distinguent par un trait linguistique particulier[3]. Cette ligne, aujourd'hui dénommée ligne Joret, part de Bréhal, passe par Gavray, Percy et se poursuit dans le Calvados vers le Bény-Bocage. Cette ligne de partage prend en compte des traits consonantiques qui permettent de distinguer les parlers normand et picard au nord (auxquels est attribué le qualificatif de normanno-picards), du reste du domaine d'oïl au sud, à l'ouest et à l'est.

1. Pour analyser les migrations inter cantonales, j'ai choisi de construire un indice qui synthétise pour chaque canton l'ensemble des origines géographiques des conscrits provenant des autres cantons. Je considère chaque déplacement (entre canton de naissance et canton de résidence) comme un vecteur directionnel dont la base est représentée par le canton d'origine et la pointe par le canton d'arrivée (le graphe des trajectoires ressemble à une pelote d'épingles). Les coordonnées des vecteurs sont fournies par les valeurs de latitude et de longitude du centre du canton. Comment procéder pour établir la somme des vecteurs ? L'addition vectorielle souffre d'un inconvénient qui est le sens de rotation et qui peut, en effet, faire varier le résultat. On pourrait également procéder à la somme des angles mais cela présenterait l'inconvénient de ne pas tenir compte de la distance parcourue. Il est préférable, en fait, de choisir l'analyse vectorielle en calculant le barycentre de l'ensemble des vecteurs de chaque canton. L'avantage de cette méthode est qu'elle fournit en un seul indicateur la direction moyenne de migration. Il suffit ensuite de dessiner sur une carte les résultats obtenus pour visualiser les trajectoires. Les vecteurs qui ont une direction opposée matérialisent la présence d'une frontière car ils indiquent que les migrants qui sont arrivés dans ces deux cantons proviennent de zones opposées.
2. Charles Joret est né le 14 octobre 1829 à Formigny (Calvados) et mort le 27 décembre 1914 à Paris. Agrégé d'allemand, docteur ès-lettres et diplômé de l'École pratique des hautes études, il fut professeur de littérature étrangère à la Faculté des lettres d'Aix-en-Provence. Nommé membre de l'Académie des sciences, arts et belles-lettres de Caen en 1887, il est ensuite élu membre libre de l'Académie des inscriptions et belles-lettres en 1901.
3. Charles Joret, *Des caractères et de l'expansion des patois normand ; étude de phonétique et d'ethnographie*, suivie d'une carte, Paris, F. Vieweg, 1883, 211 p.

Cartes 52 : Ligne Joret

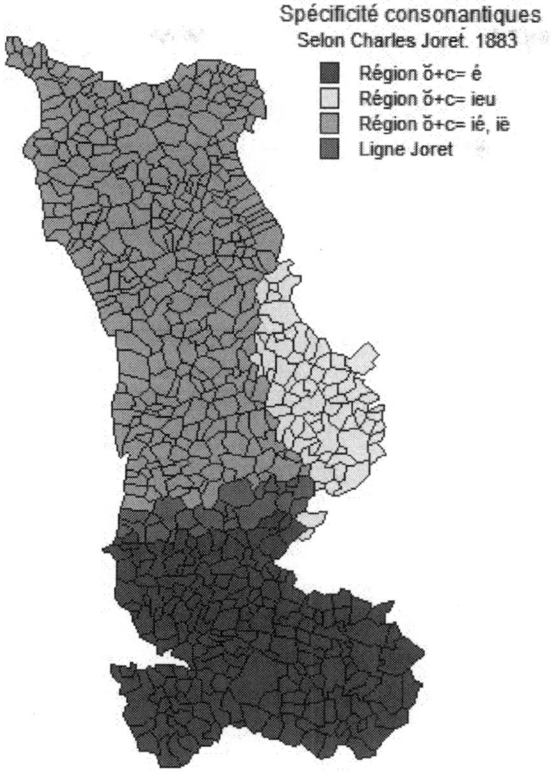

Il existe, selon René Lepelley[1], une autre ligne, une autre isoglosse, qui sépare également en deux la Normandie, sans toutefois se confondre avec la Ligne Joret, même si elle lui est souvent parallèle[2]. Les différences dont

1. René Lepelley, né le 4 avril 1925 à Quettehou et mort le 29 août 2011 à Caen, est un linguiste français, spécialiste de dialectologie. Après des études de lettres classiques, René Lepelley devient enseignant au lycée de Tunis en 1949 puis au lycée Alain-Chartier de Bayeux en 1957. Agrégé de grammaire en 1962, il enseigne la langue et la littérature médiévales à la faculté de Lettres de Caen à partir de 1964. Il est l'initiateur en 1968 de l'Atlas linguistique et ethnographique normand. En 1971, il soutient sa thèse intitulée « Le Parler normand du Val de Saire (Manche) : Phonétique, Morphologie, Vocabulaire de la vie rurale ». Élu professeur titulaire en 1974, il se consacre aux études dialectales du domaine d'oïl. Il fonde en 1983 le Centre d'Études Normandes, devenu l'Office Universitaire d'Études Normandes. René Lepelley a publié plus de 120 articles dans des domaines aussi variés que la toponymie, l'anthroponymie, le français régional, l'ethnologie rurale et maritime, la littérature dialectale orale et écrite, la prononciation des noms de commune, et plusieurs ouvrages de vulgarisation. (source Wikipedia)
2. René Lepelley, « Traces des Vikings dans la toponymie actuelle de la Normandie », *Annales de Normandie*, 52e année, n° 3, 2002, p. 195-223.

elle montre les limites sont beaucoup moins anciennes, puisqu'elles n'ont pris naissance qu'avec l'arrivée des Vikings au Xe siècle. De plus, elles concernent bien davantage le vocabulaire que les évolutions phonétiques, et plus particulièrement le vocabulaire de la toponymie. Il s'agit en effet de la présence de termes importés par les envahisseurs nordiques, termes qui se sont conservés essentiellement dans les noms de lieux, même si le langage courant comporte encore, dans les patois et dans le français régional, des vocables qui ont la même origine.

René Lepelley a proposé de désigner la ligne isoglosse qui délimite l'influence viking sous le nom de « la Ligne des Tots » car le terme tot, issu de l'ancien scandinave topt, qui signifie village et qui a en Normandie a donné le sens de « domaine rural», est de très loin le plus employé des appellatifs importés.

La Ligne des Tots, d'Est en Ouest, passe par les cantons de Carentan et de La Haye-du-Puits puis continue au Sud-Ouest par une étroite bande de quelques kilomètres de largeur le long de la côte. Elle traverse ainsi les cantons de Lessay, de Saint-Malo-de-la-Lande, de Montmartin-sur-Mer et de Bréhal et rejoint la côte dans le canton de Granville. Au total, elle définit une petite zone compacte resserrée entre trois côtes et formant la presqu'île du Cotentin.

Nous reviendrons plus loin sur l'importance de cette frontière.

Cartes 53 : Ligne des Tots et Ligne Joret

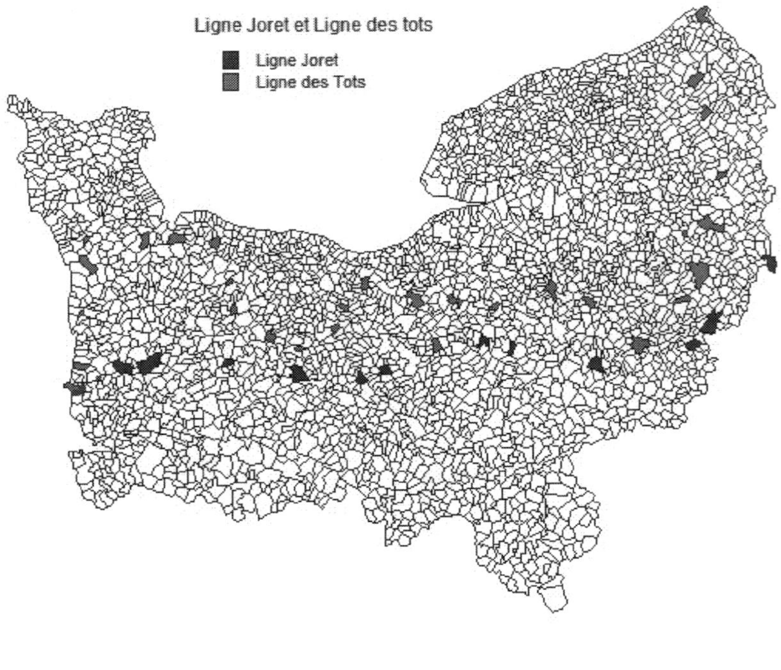

2- L'opposition côtes-intérieur des terres

Le choix du canton comme élément de base de nos mesures est-il pertinent ? Englobant en moyenne une bonne douzaine de communes, les mesures à l'échelle du canton sont très utiles pour mettre en évidence les variables les mieux discriminées mais elles risquent parfois de diluer des phénomènes moins flagrants. Pour en avoir le cœur net nous avons tenté une observation à partir d'un exemple, celui de la répartition des yeux bleus, mais cette fois-ci à l'échelle communale. Le résultat, même s'il est un peu plus difficile à lire pour l'œil peu exercé, nous a montré la justesse de cet essai. En effet, nous avons pu observer qu'il existait une différence notable entre les proportions observées sur les côtes et celles que l'on trouve au centre de la presqu'île. Cette opposition côtes-intérieur des terres n'est pas nouvelle et a souvent été évoquée par les anthropologues et par les historiens. Nous constatons qu'elle a encore un sens au milieu du XIXe siècle, ce qui nous a conduits à reprendre l'analyse de tous les caractères de toutes les variables selon cette opposition.

Cartes 54 : Répartition des yeux bleus à l'échelle communale

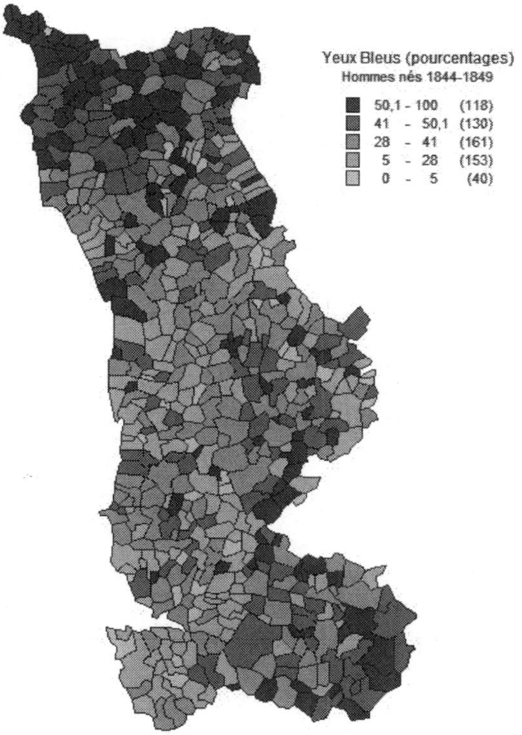

Les résultats sont résumés dans les tableaux suivants.

Les caractères sont présentés selon l'écart observé entre fréquence dans les communes côtières et communes de l'intérieur.

Tableau 18 : Mesures des variables physiques selon la position géographique des communes (côtières ou intérieure). Hommes nés entre 1844 et 1849

Pourcentages des variables observées selon la position géographique des communes (côtières ou de l'intérieur)

Variables	Proportions supérieures sur les côtes					
	Côtes	Côtes ss villes	Inter.	Ens.	Diff	Diff ss villes
Yeux Bleus	43,02	44,12	36,78	37,89	6,24	7,34
Front Ordinaire	13,26	13,08	6,92	8,05	6,34	6,16
Teint Clair	41,92	41,57	36,25	37,23	5,67	5,31
Menton Rond	84,39	84,85	80,18	80,93	4,22	4,67
Cheveux Clairs	38,85	39,62	35,44	36,05	3,42	4,19
Bouche Moyenne	64,64	63,66	60,02	60,84	4,62	3,64
Visage Ovale	87,23	87,26	84,22	84,76	3,02	3,05
Cheveux Blonds	20,12	20,25	17,43	17,91	2,69	2,82
Bouche Grande	14,37	15,46	13,33	13,51	1,04	2,13
Teint Brun	17,15	17,61	15,83	16,06	1,32	1,78
Nez Gros	20,51	20,58	18,84	19,14	1,67	1,75
Nez Moyen	33,26	32,91	31,42	31,75	1,85	1,49
Visage Plein	6,41	6,75	5,43	5,61	0,98	1,31
Front Découvert	26,47	25,85	24,76	25,06	1,71	1,10
Front Bombé	7,33	8,22	7,28	7,29	0,04	0,93
Nez Petit	8,07	8,58	7,66	7,74	0,41	0,92
Nez Long	9,85	9,97	9,71	9,74	0,14	0,26
Nez Aquilin	16,95	16,52	16,41	16,51	0,54	0,11
Taille*	166,13	166,20	165,08	165,27	1,05	1,12

*la taille et les différences de taille sont mesurées en cm

Variables	Proportions supérieures dans les terres					
	Côtes	Côtes ss villes	Inter.	Ens.	Diff	Diff ss villes
Cheveux Roux	1,86	1,82	2,00	1,98	-0,14	-0,18
Menton Fossette	7,11	6,63	7,01	7,03	0,10	-0,38
Front Couvert	20,32	20,29	20,73	20,65	-0,41	-0,44
Cheveux Chatains	45,06	44,33	44,99	45,00	0,08	-0,66
Front Large	7,81	8,34	9,10	8,87	-1,29	-0,75
Menton Pointu	6,95	7,26	8,06	7,86	-1,11	-0,80
Yeux Foncés	22,85	22,12	22,97	22,95	-0,13	-0,85
Nez Pointu	7,48	7,56	8,46	8,29	-0,98	-0,90
Nez Retroussé	3,61	3,81	4,90	4,67	-1,29	-1,08
Bouche Saillante	6,25	6,56	7,68	7,42	-1,43	-1,12
Cheveux Foncés	17,78	18,06	19,21	18,96	-1,43	-1,15
Yeux Gris	31,35	31,98	33,62	33,21	-2,26	-1,63
Visage Large	2,88	2,77	4,46	4,18	-1,57	-1,68
Bouche Petite	16,40	16,28	18,49	18,12	-2,09	-2,21
Teint Coloré	23,43	24,02	26,24	25,76	-2,81	-2,22
Teint Ordinaire	19,30	18,89	21,20	20,87	-1,90	-2,30
Front Rond	25,99	25,60	30,21	29,46	-4,23	-4,61

Note: les colonnes ***côtes ss ville*** donnent les résultats obtenus dans les communes côtières sans les villes de Cherbourg et de Granville

Les variables sont classées en ordre décroissant de la différence mesurée entre côtes et intérieur. A gauche, les différences observées sont en faveur des côtes alors qu'à droite, les différences sont en faveur des communes de l'intérieur.

Lecture du tableau. Reprenons par exemple la variable « yeux bleus ». Elle se trouve à gauche du tableau car la différence observée indique qu'elle est plus représentée sur les côtes. Dans les paroisses côtières, la proportion de conscrits aux yeux bleus est de 43,02 %. Cette proportion atteint 44,12 % si l'on exclut les villes de Cherbourg et de Granville. Par contre dans l'intérieur des terres, la proportion d'yeux bleus n'est que de 36,78 %. La différence observée est de 6,24 % entre côtes et intérieur et de 7,34 % si l'on exclut les deux villes les plus importantes.

Les différences observées ne sont être casuelles car il existe une bonne cohérence dans la répartition géographique des variables. Sur les côtes, les yeux bleus sont plus nombreux, et c'est aussi sur les côtes aussi que prédominent sur les cheveux clairs, la taille élevée ou le teint clair.

Tableau 19 : Mesures des variables culturelles selon la position géographique des communes (côtières ou intérieure). Hommes nés entre 1844 et 1849

Pourcentages des variables observées selon la position géographique des communes (côtières ou de l'intérieur)

Variables	Proportions supérieures sur les côtes					
	Côtes	Côtes ss villes	Inter.	Ens.	Diff	Diff ss villes
Bons Absents	11,18	9,02	8,43	8,96	**2,75**	**0,59**
Elites	5,63	4,35	3,18	3,65	**2,45**	**1,17**
Sait Lire et Ecrire	87,23	87,02	85,17	85,56	**2,06**	**1,85**
Remplaçant	3,54	2,85	2,33	2,56	**1,21**	**0,52**
Engagés Volont.	1,17	0,73	0,40	0,55	**0,77**	**0,33**
Soutiens de Fam.	6,88	7,88	6,36	6,46	**0,52**	**1,52**
Analphabètes	8,27	8,40	7,85	7,93	**0,42**	**0,55**
Condamnations	2,59	2,38	2,33	2,38	**0,26**	**0,05**

Note: les colonnes ***côtes ss ville*** donnent les résultats obtenus dans les communes côtières sans les villes de Cherbourg et de Granville

Variables	Proportions supérieures dans les terres					
	Côtes	Côtes ss villes	Inter.	Ens.	Diff	Diff ss villes
Métiers Terre	47,16	56,35	60,19	57,67	**-13,03**	**-3,84**
Réformés	13,14	13,74	16,24	15,64	**-3,10**	**-2,50**
Sédentaires	79,44	83,15	81,27	80,92	**-1,83**	**1,88**
Cicatrices	2,00	2,02	2,53	2,43	**-0,53**	**-0,51**
Sait seulem. Lire	3,11	3,17	3,57	3,48	**-0,46**	**-0,40**
Remplacés au Ser.	5,84	6,51	6,12	6,38	**-0,28**	**0,39**
Matronymes	6,92	6,20	7,19	7,14	**-0,27**	**-0,99**
Illégitimes	1,79	1,87	2,00	1,96	**-0,21**	**-0,13**
Migrent Paris	7,67	6,64	7,70	7,69	**-0,03**	**-1,06**

Variables culturelles

Le premier constat est que l'amplitude des différences entre communes côtières et communes de l'intérieur est faible pour la plupart des variables culturelles. La plus faible proportion des métiers de la terre sur les côtes s'explique essentiellement par le poids des villes de Cherbourg et de Granville. On remarque ensuite que les conscrits déclarés aptes mais absents temporairement sont plus nombreux sur les côtes, ce qui n'est pas surprenant car nombre de marins sont absents.

Les caractères qui dominent sur les côtes par rapport à l'intérieur des terres sont essentiellement ceux que l'on attribue habituellement au type nordique (yeux de couleur bleue, cheveux blonds, haute taille et teint plutôt clair). Ces caractères existent à l'intérieur des terres mais ils y sont plus dilués. Il y a là un point fondamental à tenir présent à l'esprit : les caractères de chacune des variables sont en nombre assez réduit et sont généralement répartis sur l'ensemble du territoire observé. Il n'y a pas, pour ainsi dire, de caractéristiques qui seraient observées en un endroit et totalement absente dans un autre, à moins de limiter l'observation à des espaces étroits donc à des effectifs réduits (au niveau communal par exemple). Ainsi, la représentation géographique n'oppose pas les variables, elle met en évidence l'intensité que prennent les divers caractères en un espace donné. Si nous choisissons comme base de mesure, non plus les cantons mais cette fois les cinq ensembles que nous avons identifiés précédemment, nous observons dans la carte suivante que les caractères ne sont pas très différents d'un bloc à l'autre. Par contre, leur intensité n'est pas la même, il existe de grandes variations dans la concentration géographique des caractères dans l'espace.

Cette constatation nous conduit à formuler une hypothèse : si les mêmes caractères sont présents dans les différents espaces mais selon des intensités variables c'est qu'à un moment donné s'est opéré un mélange entre différents groupes humains mais selon des apports respectifs variables selon le lieu. Ainsi la mixité des populations ne se serait pas réalisée de manière homogène mais serait le résultat du rapport entre population préexistante et population nouvelle.

Si l'on songe maintenant que les principaux caractères observés sur les côtes sont plutôt de type nordique et que par ailleurs ils sont plutôt récessifs, on peut imaginer que leur maintien n'a été possible que parce que leur diffusion était suffisamment importante pour pouvoir s'exprimer. En d'autres termes, les lieux où les populations possédant ces caractères récessifs ont pu se maintenir étaient soit très faiblement peuplés avant leur venue, soit ils étaient certes peuplés mais ont été submergés par un apport massif d'immigrants.

Les différences se sont aplanies au cours des siècles du fait des échanges entres les communautés d'habitants mais il semble raisonnable de considérer que les points de départ de la diffusion de certains caractères, c'est-à-dire en amont de la mixité en somme, peuvent être identifiés dans les lieux ou l'intensité est demeurée la plus forte. Ainsi les caractères nordiques se seraient diffusés, comme on pouvait s'y attendre, à partir des côtes vers l'intérieur des côtes.

Cartes 55 : Caractères principaux selon les secteurs.

V

Histoire du peuplement de la Manche

Essayons maintenant de retracer les grandes lignes de l'histoire des populations qui se sont installées dans la Manche au cours des siècles et dont sont issus les soldats étudiés.

L'archéologie nous apprend que le peuplement est important depuis le paléolithique moyen et qu'il est continu jusqu'à notre époque. Il a, sans doute, été peu celtisé, selon Jean-Ange Quellien[1] car il existe une grande continuité du peuplement entre le paléolithique et la période romaine.

Les vagues migratoires qui ont déferlé sur le Cotentin au cours des siècles passés sont en fait assez peu nombreuses. Après les Celtes, la première vague d'importance est probablement la colonisation romaine, c'est du moins la première qui nous livre des traces tangibles. Elle sera suivie par l'arrivée des saxons puis des vikings.

1- La Manche à l'époque Romaine.

Le territoire était, avant l'arrivée des romains, dominé par plusieurs tribus gauloises : Les Unelli ou Venelli installés autour de Cosedia (Coutances), les Baiocasses qui occupaient le Bessin et dont la capitale était Civitas Baiocassium (Bayeux) et les Abrincates regroupés autour d'Ingena (Avranches) et dans deux noyaux de peuplement repérés près de Mortain et à Montanel. On sait encore très peu de choses sur ces groupes humains. En 56 avant J.-C., les légions Romaines ont vaincu les Unelles, basée à Coriallum[2], date qui marque le début de la colonisation. Les principaux centres datant de cette époque sont devenus aujourd'hui les villes les plus importantes du département : Coriallum (peut être

1. Jean-Ange Quellien, *Le Cotentin. Histoire des populations* (Coll. Pays de l'Ouest et d'ailleurs), Éditions Monfort, Saint-Pierre-de-Salerne, 1983, page 26.
2. Ou Coriovallo, toponyme encore mal localisé, peut-être s'agit-il de Cherbourg.

Cherbourg), Alauna (Valognes), Granonnum[1] dont la localisation reste controversée, Crociatonum (Carentan ou plutôt Saint-Côme-du-Mont), Cosedia (Coutances), Briovera (Saint-Lô), et Ingena (Avranches). La capitale pourrait avoir été dans un premier temps Cosedia puis Alauna, englobée aujourd'hui dans Valognes. Les archéologues estiment qu'Alauna a pu abriter entre 3000 et 5000 personnes[2], « construite selon les règles générales appliquées en matière d'urbanisme antique, à savoir un réseau orthogonal de rues qui s'appuie sur deux grandes artères principales et structurantes »[3].

On peut supposer, mais cela reste à démontrer, que l'occupation romaine fut avant tout une occupation d'encadrement et qu'il n'y eut pas de véritable mixité entre les populations autochtones et les occupants.

Remarquons, au passage, que ces petits centres urbains, où la population était la plus concentrée ont assurément été au cours des siècles des lieux de brassage, de mixité. C'est sans doute pourquoi, nous y enregistrons au XIXe siècle les proportions les plus faibles des caractères récessifs (yeux bleus, cheveux blonds, etc.) à l'inverse des côtes par exemple.

---

1. Peut être Portbail. Mais les spécialistes ne sont pas d'accord sur sa localisation. Il pourrait s'agir également de Port-en-Bessin. La « notitia dignitatum mentionne le "tribunus cohortis primae novae Armoricanae, Grannona in litore Saxonico". C'est pourquoi, Port-en-Bessin, situé à côté de Huppain, correspondrait mieux à cette description.
2. Population importante si on la compare à Lutèce (Paris) qui n'en comptait que le double à cette époque. L'exhumation d'une allée de prestige qui aurait pu mener à un théâtre et surtout la découverte de moules permettant de couler de la monnaie semble confirmer cette hypothèse. « On frappait la monnaie sous le contrôle des magistrats et donc, probablement dans cette agglomération, se trouvait un forum », indique Laurence Jeanne, co-responsable du chantier archéologique. Le forum était le centre la cité gallo-romaine, c'était un lieu aux multiples fonctions autour duquel s'articulait la vie politique de la cité (France3 Région, 29/07/2014).
3. Journal Ouest-France du 15 juillet 2015.

Cartes 56 : Le Cotentin a l'époque Gallo-Romaine.

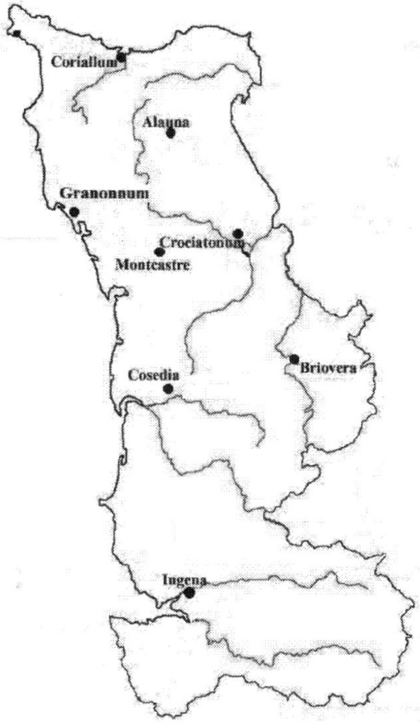

2- La Manche sur le litus Saxonicum

Vers la fin du IVe siècle, une colonie de saxons s'installe sur les côtes de la Manche comme le montrent les fouilles archéologiques de la nécropole de Vron en Picardie. Il s'agit sans doute au début, d'une installation réalisée à l'initiative du pouvoir romain pour la défense des côtes. En Basse-Normandie, c'est à partir du milieu du Ve siècle que l'on peut dater les premières implantations saxonnes grâce à l'étude de neuf nécropoles[1]. L'implantation des saxons est durable, ils entretiennent une armée permanente qui sera plusieurs fois utilisée par le pouvoir mérovingien[2]. Leur présence a laissé des traces dans la toponymie du Bessin et de la campagne de Caen essentiellement. Je renvoie aux travaux de

---

1. Réville, Vierville-sur-Mer, Ifs, Bénouville, Frénouville, Giverville, Hérouvillette, Sannerville, Lisieux.
2. Bien que peu convaincante contre les Bretons de Waroch en 579. Les saxons sont par contre victorieux de Gontran, dix ans plus tard. En 626 encore, Dagobert Ier les envoie combattre les Basques.

Louis Guinet[1] qui a retracé l'origine saxonne des noms de lieux en -thun (principalement dans le Boulonnais) ou en -ham très présents dans le Bessin[2]. Se pose pour nous la question de l'expansion de l'implantation saxonne dans la Manche. C'est une question à laquelle il est bien difficile de répondre. L'archéologie a révélé la présence d'une nécropole saxonne à Réville. La toponymie saxonne est par contre peu importante dans la Manche au regard de sa diffusion dans le Calvados mais il est possible qu'une vague migratoire successive en ait balayé les toponymes. A ce stade, nous pouvons donc supposer une implantation saxonne qui aurait essentiellement touché le littoral nord-est de la Manche. A-t-elle constitué un apport important au patrimoine génétique des populations autochtones avec lesquelles la mixité s'est opérée ? Peut être pas si l'on se réfère à l'affirmation de Jean-Ange Quellien, fondée sur les travaux des anthropologues, selon laquelle « le fond de la population bas-normande demeure le même du néolithique aux invasions normandes du IXe siècle[3] ». Pour l'ensemble de la population bas-normande, cette remarque est sans doute justifiée mais il n'est pas sûr que localement l'impact soit négligeable.

3- L'installation viking : l'apport des anthropologues et des linguistes

Je n'ai pas l'intention de retracer ici une chronologie fine des vagues successives qui ont été le prélude à l'installation des vikings dans la Manche. Les éléments en sont trop disparates voire lacunaires et proviennent exclusivement des écrits des victimes. Nous savons en gros que la première incursion en Cotentin survient vers 836 selon le Livre noir du chapitre de Coutances, c'est du moins la première trace écrite. En 871, les Normands, descendus par la Vire, pillent et détruisent le monastère de Saint-Fromond, dans le bocage de Saint-Lô. En 886, ils arrivent par l'ouest et détruisent Coutances. Quatre ans plus tard, ils dévastent Saint-Lô et tuent Listus, ancien évêque de Coutances.

Ils établiront au fil des années plusieurs têtes de pont dont la plus importante est située dans la Hague. Défendue vers la mer par des falaises abruptes, difficile d'accès par voie terrestre, cette implantation

1. Louis Guinet, Contribution à l'étude des établissements saxons en Normandie, Presses universitaires de Caen, 2013, 119 pages.
2. Il s'agit par exemple de Ouistreham, Étréham, Huppain (*Hubbehain ; Hubba 's «ham»), Surrain (Surrehain)
3. Jean-Ange Quellien, *Le Cotentin, op. cit.*, p. 26.

devient un véritable camp retranché, où ils passent l'hiver. D'autres campements existèrent également un peu plus au sud sur la côte Ouest du département dans l'embouchure de la Sienne notamment.

Ces implantations ont-t-elles été durables, cette question est encore de nos jours l'objet d'un débat animé où les points de vue s'opposent vivement.

a- René Collignon.

Médecin militaire, René Collignon[1] a été précocement attiré par l'anthropologie. Mettant à profit les facilités que lui offrait sa profession, il était médecin militaire, il put effectuer des recherches anthropologiques en mesurant de manière sérielle certaines caractéristiques physiques des conscrits. Ses recherches portent donc essentiellement sur l'anthropologie physique[2]. Bien que très rigoureux dans ses relevés, ses travaux sont malheureusement emprunts d'une idéologie raciale qui en plombe l'intérêt. Il adhère aux thèses de Lapouge et notamment à l'opposition entre brachycéphales et dolichocéphales, opposant la race blanche, aryenne, dolichocéphale, qui serait selon Lapouge « porteuse de grandeur », à la race brachycéphale, « inerte et médiocre». Toutefois, une fois décantée l'idéologie, les éléments qu'il nous livre sur l'évolution possible du peuplement ne sont pas sans intérêt.

Selon Collignon[3] la profonde différence qui existe entre les patois des côtes Est et Ouest de la presqu'île du Cotentin, proviendrait d'une différence de souche originelle.

« Sur un fond de population franchement brachycéphale [...] sont venus se greffer deux courants successifs d'envahisseurs [...] dolichocéphales. Les uns, apportés par transplantation au IVe siècle ont opéré, au cours des temps, une colonisation pacifique de l'Est à l'Ouest et du Sud au Nord en suivant les voies de pénétration du temps ; ce sont les Saxons de Bayeux, grossis au cours des siècles par quelques Francs. Les seconds se sont établis par la force à l'extrémité Nord-Ouest du

---

1. Collignon n'est pas normand, il est né à Metz en 1856 et décédé à Jaulny en 1932, anthropologiste et médecin-major à l'École de guerre.
2. Ses principales publications concernent ses recherches sur d'anthropologie de la Lorraine (1882, 1886, 1891), sur les habitants du Calvados (1891), sur ceux du Gers (1897), sur ceux du Cotentin (1905).
3. René Collignon, « Anthropologie » in *Cherbourg et le Cotentin*, Congrès de l'association française pour l'avancement des sciences, Cherbourg, Le Maout, 1905, p. 45-46.

département en l'envahissant par mer et y ont fondé vers le IXe siècle une colonie normande [...] Dans toute la zone intermédiaire entre nos deux groupes, l'un saxon, l'autre normand, la [population] brachycéphale n'a conservé quelque importance que dans l'extrême Est de la péninsule, comme l'accuse l'indice céphalique relativement élevé (83,7) du canton de Quettehou. Néanmoins, même sur ce point, nous la trouvons profondément altérée par les croisements avec ses voisins ; les hautes tailles y sont peut-être un peu plus rares ; mais pour le reste, hormis la forme arrondie de la boîte crânienne, ils ne diffèrent plus guère de ceux-ci. »

Cette ligne de fracture entre l'Est et l'Ouest décrite par Collignon n'est pas si évidente à repérer qu'il l'indique. Elle existe assurément dans le Centre et dans le Sud du département mais elle beaucoup moins nette au Nord. Même en reprenant les mesures de l'indice céphalique fournies que le docteur Collignon lui-même, on observe qu'il est relativement constant dans la partie nord si l'on excepte deux cantons (Quettehou et Bricquebec).

Le modèle proposé d'un partage du Nord de la presqu'île entre une population viking à l'Ouest et une population saxonne à l'Est est donc un peu simpliste, peut être même un peu forcé pour coller avec les convictions de Collignon mais il a le mérite d'attirer notre attention sur deux influences, saxonne et viking, qui ont participé au pool génétique de la population du Cotentin. Trop souvent les auteurs, souvent originaires de Normandie d'ailleurs, ont eu tendance à proposer une vision caricaturale du peuplement en affirmant l'origine viking de la population du Nord du département en opposition à l'origine « gauloise » de celle du Sud de la Manche.

Et même si l'opposition Nord-Sud qu'il mentionne correspond assez bien avec ce nous avons constaté dans la spatialisation des variables telles que la couleur des yeux, des cheveux ou même de la taille, le découpage n'est pas horizontal mais plutôt oblique selon un axe Granville-Saint-Jean-de-Daye.

b- Une empreinte peu consistante.

Sans nier l'implantation viking en Normandie, plusieurs auteurs se sont dressés depuis plus d'un siècle pour relativiser l'impact des invasions vikings et contraster l'engouement qu'elles ont suscité au XIXe siècle. Les premiers qui ont refusé le mythe viking développé par les Romantiques, sont des linguistes. Ainsi Émile Littré écrit, dès 1863, dans son Histoire de la langue française que « l'invasion normande n'a rien changé au dialecte normand, ou, pour parler plus exactement, neustrien, qui est ce que les conditions générales de la transformation du latin en roman voulaient qu'il fût, et non ce que l'aurait fait l'infusion accidentelle d'une langue scandinave (t. II, p. 108) ». L'influence très modeste de la langue scandinave sur les patois de Normandie a pu être vérifiée sur le terrain par les dialectologues qui comptabilisent environ 150 mots de cette origine.

Elisabeth Ridel[1] fournit un argumentaire intéressant pour expliquer la faiblesse des traces laissées par les vikings. En gros, la faible importance numérique des immigrants serait la clé de l'explication. Peu nombreux, les viking n'auraient pas pu imposer leur langue. D'autre part, la culture viking n'était pas codifiée, ni véhiculée par des écrits comme pouvait l'être la culture carolingienne. Ainsi, les Vikings auraient adopté rapidement les pratiques carolingiennes[2], la conversion au christianisme constituant l'un des éléments majeurs de l'acculturation. L'indigence des mots scandinaves pourrait également s'expliquer par un phénomène de rejet de la part des autochtones d'une langue de barbares (barbari), de pirates (piratae), et de païens (pagani).

Elisabeth Ridel, avec Mathieu Arnoux et Christophe Maneuvrier, souligne que les bouleversements toponymiques particulièrement importants dans le nord Cotentin (dans la Hague en particulier) ne semblent pas être accompagnés par des modifications profondes du peuplement[3]. Cette dernière remarque ne m'apparaît pas très pertinente car l'absence de bouleversement des structures me semble un facteur relativement indépendant du développement numérique d'une population. Elisabeth Ridel termine son exposé en disant que les Vikings avaient à l'évidence peu à transmettre, si ce n'est dans des domaines où ils excellaient : la construction navale et la navigation, dont témoigne tout un lexique particulièrement riche et cohérent, révélateur de nouvelles techniques et de pratiques nautiques originales.

---

1. Elisabeth Ridel, *Les Vikings et les mots : l'apport de l'ancien scandinave à la langue française*, Paris, Errance, 2009, 351 p.
2. Lorsque les clercs consignent le nom des nouveaux propriétaires terriens, ils font usage d'un procédé qui leur est connu et qui était employé bien avant l'arrivée des Vikings, ce qui vaut à la Normandie un grand nombre de toponymes en -ville précédés d'un nom de personne scandinave.
3. Les historiens Mathieu Arnoux et Christophe Maneuvrier notent que les dédicaces des paroisses demeurent inchangées, que les divisions du territoire restent stables, tandis que d'un point de vue matériel, on relève les mêmes types de céramiques, les mêmes ateliers, les mêmes types de monnaies de tradition carolingienne.

En somme, l'aventure des Vikings en France s'achève sur une poignée de mots… formule provocatrice destinée aux adeptes de la « vikingomanie », qui exaltaient les origines vikings de la Normandie dans les années 1970-1980 et qui prit un tournant idéologique et politique exacerbé en se basant sur les théories raciales du XIXe siècle[1].

Le tout « viking » est encore en cours de démystification, notamment de la part des archéologues qui sont amenés à réviser des fausses attributions et à confirmer le peu de vestiges bien identifiés comme étant d'origine scandinave[2].

c- René Lepelley

Tous les linguistes ne partagent pas tous le point de vue précédent. Nous avons déjà mentionné René Lepelley, qui a mis en évidence la ligne des Tots, isoglosse qui sépare en deux la Normandie sur la présence ou non de termes importés par les envahisseurs nordiques, et conservés essentiellement dans les noms de lieux, phénomène pour lequel il a créé le néologisme de «vikinomisation ». Contrairement à ce qui a été dit précédemment, René Lepelley remarque que « si les habitants indigènes ont adopté eux aussi assez facilement un certain nombre des nouvelles appellations, c'est qu'ils les entendaient assez fréquemment dans la bouche de leurs nouveaux voisins pour les comprendre, ou tout au moins pour être capables de les répéter. Il fallait pour cela que les nouveaux occupants soient en nombre suffisant pour imprégner

1. J'emprunte quelques extraits d'une petite mise au point proposée par Laurent Ridel dans le revue en ligne « Histoire-Normandie.fr »·le 20 décembre 2015 : « À partir des années 1880, des écrivains et des intellectuels normands promeuvent le nordisme, l'idée selon laquelle il faille regarder du côté du Nord, la Scandinavie précisément, pour trouver les principales sources de l'identité régionale. De leurs ancêtres vikings, les Normands tireraient leur originalité, aussi bien leur physique, leurs mœurs, leur caractère, que leur "génie". Identifiant une race normande, les chantres du mythe nordique ont parfois glissé dans le discours raciste. Enfants de Vikings, les Normands, les vrais, blonds aux yeux bleus, appartiendraient à un peuple fort, conquérant et donc supérieur. Il y a une cinquante d'années, la revue Viking, fondée par Jean Mabire, relayait ce genre de vision ».
2. Par exemple, le Hague-Dike, rempart protohistorique (daté entre 1206 et 802 avant notre ère) qui barre le promontoire de la Hague, dont les fouilles menées en 1984 et en 2004 démentent toute réutilisation par les Vikings (si réutilisation il y a eu, elle date des XIIIe et XIVe siècles). Le pot de Réville, étiqueté « poterie scandinave », alors qu'il date de l'âge du Bronze ; les soi-disant sépultures à bateau « vikings », localisées à Réville également, qui font en réalité partie d'un cimetière mérovingien des VIe et VIIe siècles, dans lequel ont été mis au jour des objets attestant une origine ou des caractères anglo-saxons.

ainsi la langue courante, d'origine gallo-romano-franque, autrement dit française, de l'ensemble de la population »[1].

Les fortes variations dans la concentration des toponymes pourraient induire de fortes variations dans la densité des implantations.

Cartes 57 :

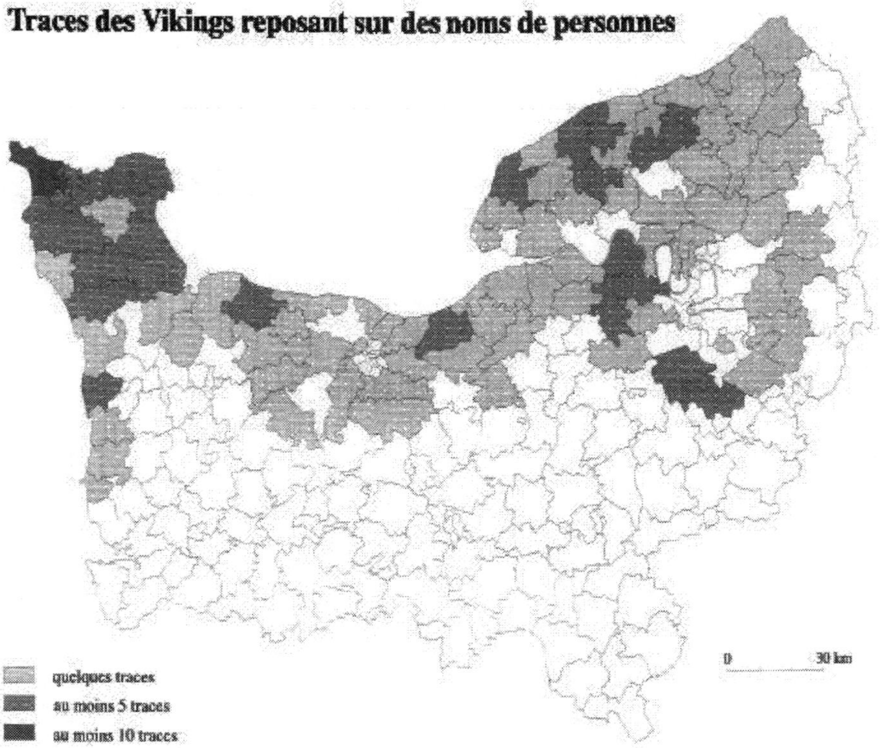

1. René Lepelley. « Traces des Vikings… », *op. cit.*, p. 196.

Cartes 58

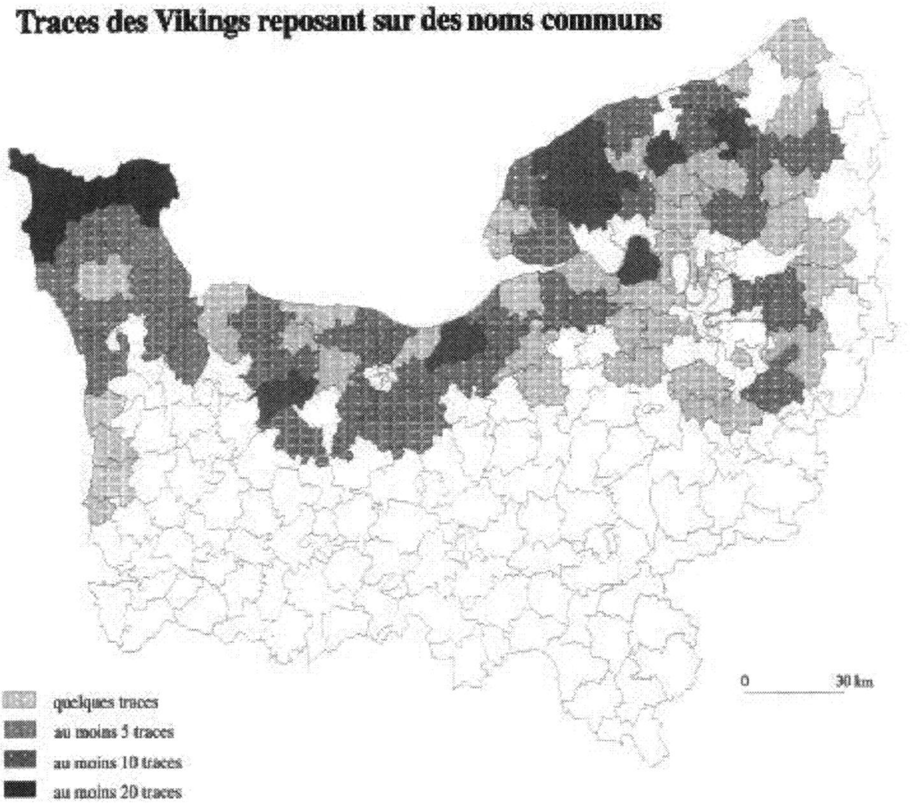

L'examen de ces cartes fait apparaître que, parmi les cantons des quatre départements normands dont la toponymie a été marquée par la présence viking, le nombre des traces de cette présence peut varier dans des proportions très importantes. Il existe deux zones fortement ou très fortement caractérisées par leur toponymie d'origine viking : le Pays de Caux, et la presqu'île du Cotentin. Les toponymes et micro toponymes des cinq cantons de l'extrême Nord de la presqu'île sont de loin les plus « vikinomisés » de toute la Normandie, et ils représentent à eux seuls la moitié des marqueurs repérés dans les limites de l'actuelle province.

d- François de Beaurepaire.

François de Beaurepaire part du même constat fourni par René Lepelley : la répartition des toponymes d'origine viking est très inégale, avec de fortes densités dans le pays de Caux, dans la vallée de la Seine et sur les côtes du Cotentin. On ne trouve par contre que des exemples dispersés dans le pays de Bray, et ils sont presque inexistants dans le sud de l'Eure et du Calvados et dans presque tout le département de l'Orne.

Il s'interroge ensuite sur le contraste manifeste qui existe entre la densité des noms de lieux d'origine scandinave et la pauvreté du legs linguistique de cette origine, les quelques cent cinquante mots d'origine scandinave. « Comment se fait-il donc que ces envahisseurs qui ont parrainé tant de noms de lieux en Normandie aient laissé si peu de témoins dans le parler régional ? [1]»

Selon François de Beaurepaire, il convient de rechercher l'origine des toponymes car tous ne doivent pas être pris en compte pour définir les premiers secteurs d'implantation des Vikings. A côté des composés toponymiques scandinaves qui ont pris place tels quels en Normandie sous réserve de quelques mutations phonétiques, certains autres ont été affectés par différentes formes de romanisation[2] et doivent être exclus car ils peuvent être anachroniques. De la même manière « Il n'y a pas lieu non plus de tirer un argument trop décisif de la présence de noms d'homme scandinaves dans les noms de lieu [...] car certains ne nous sont attestés qu'en construction toponymique, alors que d'autres bénéficièrent d'un vogue durable (Asketillus, Osmundus, etc.) [...et peuvent être] de formations tardives [...]. Seuls les noms que l'on peut rapporter à la première heure de l'établissement des Vikings nous intéressent »[3].

1. François de Beaurepaire, La diffusion de la toponymie scandinave dans la Normandie ducale, *Tabularia, « Études »*, n° 2, 2002, p. 48.
2 . Dans un premier cas de figure, ils ont subi la flexion du féminin pluriel roman, ainsi pour Boos (ancien Bothes), Tôtes, Veules, Ecalles (Scalæ) ou Etigue à Vattetot-sur-mer (Stigæ). Un autre formule fut celle de l'association d'un appellatif scandinave et d'un adjectif roman, ainsi dans Bonnetot, Maltot et Franquetot. La romanisation s'est aussi manifestée par la conjugaison d'appellatifs scandinaves avec des noms d'hommes romans (Mictot, anciennement « Mikieltot ») ou avec des noms d'hommes d'origine germanique en usage en Gaule dans la seconde moitié du premier millénaire (Robertot, Gratot, etc). Enfin la dernière forme de romanisation fut celle de l'intégration des appellatifs toponymiques scandinaves dans la langue romane, impliquant l'emploi de l'article et parfois une suffixation (le bec, le becquet, la hogue, la hoguette, etc.).
3. François de Beaurepaire, *La diffusion de la toponymie... op. cit.*, p. 52-53.

Cartes 59 : Les noms de lieux scandinaves en Normandie
(Fr. De Beaurepaire)

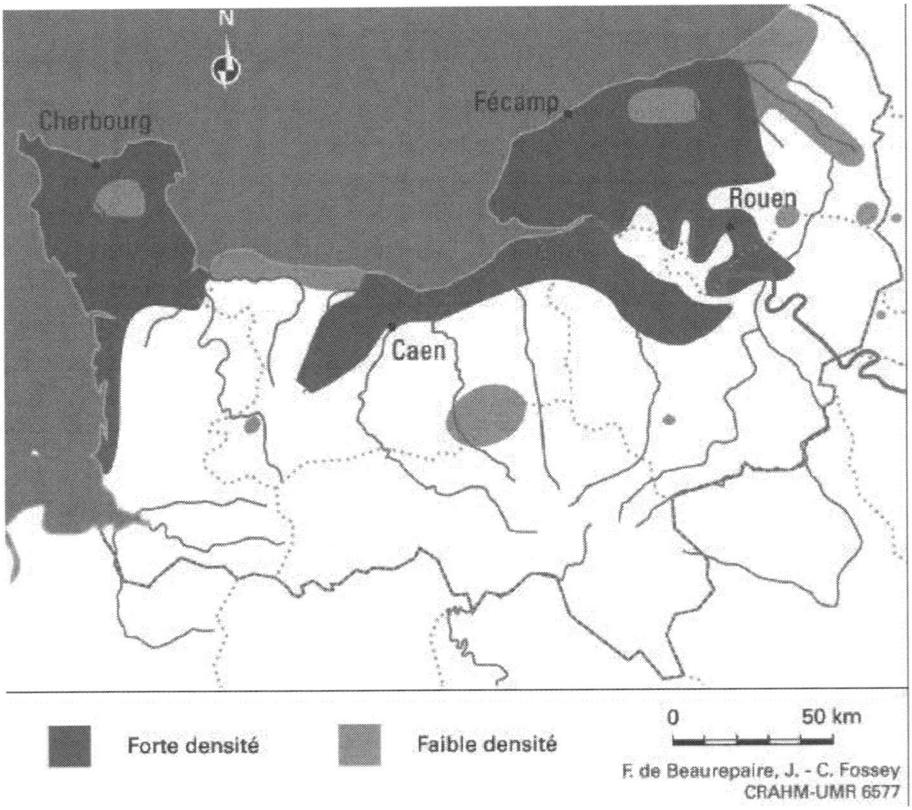

Ainsi une bonne partie du littoral normand, entre la Vire et la Seulles, demeure peuplé d'un nombre appréciable de noms de lieux d'origine prélatine ou gallo-romaine; le Bessin contient même avec l'Avranchin une des plus fortes densités de noms de lieux antiques de Normandie.

Dans cet article qui enrichit considérablement la géographie de l'implantation scandinave, le Cotentin apparaît comme le secteur le plus densément occupé par les Vikings. François de Beaurepaire constate en particulier que dans les deux cantons de Beaumont-Hague et des Pieux ne fournissent qu'un seul nom de lieu issu d'un nom gallo-romain en acum, le hameau de Gruchy à Gréville, tandis que tous les noms de paroisses sont contemporains de la conquête scandinave ou postérieure à celle-ci. Cette affirmation de François de Beaurepaire est particulièrement importante, nous y reviendrons. Il n'y donc pas uniformité dans l'établissement des Vikings en Normandie, les conditions locales eurent une influence déterminante sur le devenir de l'implantation scandinave.

François de Beaurepaire conclut cet article fondateur par deux remarques qui doivent nous interpeller. Il rappelle tout d'abords que l'installation des Vikings dans le Nord-Est de l'Angleterre à la fin du IXe siècle, où l'abondante toponymie scandinave est comparable à celle de la Normandie ne s'est pas traduite par une suprématie de la langue des Vikings. Elle n'a guère laissé plus de traces dans la langue anglaise que dans le langage régional normand.

Seconde et dernière remarque, l'établissement des compagnons de Guillaume le Conquérant en Angleterre après 1066 « n'a guère apporté au paysage toponymique de l'Angleterre de nombreuses nouvelles désignations empruntées à la langue romane bien que leurs descendants n'aient cessé d'employer jusqu'au XVe siècle un parler dérivé du langage régional normand, dont l'apport à la langue anglaise demeure considérable »[1].

Le paradoxe demeure. Dans certains cas les envahisseurs ont imposé la diffusion de leur langue, mais respecté la toponymie locale ; ailleurs le langage régional s'est maintenu, alors que les noms de lieux préexistants étaient largement éliminés au profit d'appellations nouvelles.

4- Les différents apports de la génétique

a- Étude de sérologie

Henri Vallois et Paulette Marquer ont proposé jadis une étude très documentée sur la répartition géographique des groupes sanguins en France[2]. Nous nous intéresserons ici à la partie qui concerne la Normandie car elle est particulièrement pertinente pour notre sujet.

Après avoir rappelé que la Normandie n'a pas une individualité nettement accusée, ni par sa langue, ni par ses coutumes et encore moins par sa formation géographique, force est de constater qu'il existe une homogénéité importante sur le plan sérologique.

---

1. François de Beaurepaire, La diffusion de la toponymie… *op. cit.*, p. 55.
2. Henri-V. Vallois, Paulette Marquer, « La répartition en France des groupes sanguins ABO ».
Bulletins et Mémoires de la Société d'anthropologie de Paris, XIe Série, tome 6, fascicule 1, 1964. p. 1-200.

On constate que le bloc normand se caractérise par une presque constante supériorité du groupe O sur le groupe A. Dans le détail, on remarque des fluctuations assez accusées pour les groupes O et A, d'un département à l'autre. De l'Ouest à l'Est de la province, les fréquences de O diminuent (48 % dans la Manche pour 43 % dans la Seine-Maritime), tandis que les fréquences de A augmentent (41-42 % dans la Manche pour 45-44 % dans la Seine-Maritime). La Seine-Maritime est le seul des quatre départements de la Basse-Normandie à présenter un pourcentage plus faible de O et un pourcentage plus fort de A, elle se rapproche en cela des moyennes générales de la France (43,4 et 46 %), alors que la Basse-Normandie s'en différencie nettement.

Tableau 20 : Répartition des groupes sanguins en Normandie à la fin des années 1950

Répartition des groupes sanguins en Normandie à la fin des années 1950 (données fournies par Henri Vallois et Paulette Marquer)							
	Localisation	N	O	A	B	AB	Ind
Résidents	Manche	11895	**48,3**	**14,7**	**7,5**	**2,6**	4,5
	Calvados	8658	**45,4**	**43,1**	**8,2**	**3,2**	4,0
	Orne	5236	**45,**	**42,5**	**8,5**	**3,5**	3,7
	Eure	4787	**44,1**	**44,0**	**8,5**	**3,3**	4,0
	Basse-Normandie	30576	**46,2**	**42,6**	**8,0**	**3,0**	4,1
	Seine-Maritime	3178	**43,6**	**45,1**	**7,9**	**3,2**	4,3
	Ensemble Normandie	33754	**46,0**	**42,8**	**7,9**	**3,0**	4,2
Natifs	Manche	410	**48,3**	**42,9**	**6,5**	**2,1**	5,2
	Calvados (1961)	260	**49,6**	**38,8**	**8,8**	**2,7**	3,6
	Orne	104	**46,1**	**45,1**	**4,8**	**3,8**	5,6
	Eure	109	**54,1**	**38,5**	**3,6**	**3,6**	5,8
	Basse-Normandie	883	**49,1**	**41,4**	**6,6**	**2,7**	4,7
	Seine-Maritime	643	**43,3**	**44,3**	**7,3**	**4,9**	4,0
	Ensemble Normandie	1526	46,7	42,6	6,9	3,6	4,4

Les auteurs poussent plus loin encore leur analyse en introduisant une nouvelle clé de segmentation dans leur analyse : la proximité des côtes. Ils justifient ce choix, au combien heureux pour nos préoccupations, par le fait que les populations normandes ont souvent eut à faire avec des envahisseurs venant par la mer.

Tableau 21 : Répartition des groupes sanguins
selon la proximité des côtes.

Répartition des groupes sanguins en Normandie à la fin des années 1950 (données fournies par Henri Vallois et Paulette Marquer)						
	N	O	A	B	AB	Ind
Zone côtière	244	46,7	40,1	6,9	6,1	3,5
Intérieur des terres	277	42,5	47,6	6,4	3,2	5,3

Henri Vallois et Paulette Marquer démontrent ici que ces données présentent, entre la région côtière et la région intérieure, la même différence dans les rapports du groupe O au groupe A que celle existant entre la Haute et la Basse-Normandie. La région côtière se rapproche donc de l'ensemble Manche - Calvados - Orne - Eure avec une nette supériorité de 0, tandis que la région intérieure possède des pourcentages voisins de la Seine-Maritime, avec une formule sérologique presque semblable à la formule générale de la France.

Ils s'interrogent ensuite sur la provenance des immigrants responsables des variations observées. En Saxe et dans l'Allemagne du Nord il existe une supériorité nettement marquée du groupe A sur le groupe O, avec environ 10 à 11 % de B. De la même manière, on observe des rapports identiques dans les statistiques concernant le Danemark et la Suède
En Norvège seulement, les pourcentages des groupes se rapprochent de ceux de la région côtière normande.

Tableau 22 : Répartition des groupes sanguins en Norvège en 1937.

Répartition des groupes sanguins en Norvège en 1937 (Schrumpf, données fournies par Henri Vallois et Paulette Marquer)						
	N	O	A	B	AB	Ind
Norvège	400	49	42	8	1	4,7

Cette prédominance du groupe O sur le groupe A, se retrouve également le sud de l'Angleterre, dans le Surrey et dans le Hampshire en particulier. Les fréquences mesurée par Kopec[1] sont de 46,9 pour le

1. Kopec (A. C). «Blood groups in Great Britain». The Advancement of Science, t. 13, n° 51, 1956, p. 200-203.

groupe O contre 42,2 pour le groupe A. Les auteurs concluent leur exposé en parlant d'une influence identique qui aurait contribué à modifier la répartition des groupes O et A dans le Sud de l'Angleterre et dans la Basse-Normandie comparativement aux moyennes générales de l'Angleterre et de la France.

Au total, l'analyse sérologique nous révèle que la population de la Basse-Normandie présenterait de fortes similitudes avec celle du sud de l'Angleterre et de la Norvège alors qu'elle serait plus éloignée du Danemark, de la Suède ou de l'Allemagne et bien entendu du reste de la France.

b- Une approche originale, The Viking DNA Project

Une étude, ayant pour objet de retracer l'histoire génétique de la péninsule du Cotentin, a été menée récemment[1] par l'Université de Leicester, en collaboration avec le Centre de Recherches Archéologiques et Historiques Anciennes et Médiévales de l'Université de Caen, et le CNRS. L'université de Leicester s'est donnée comme objectif, en liant l'archéologie aux données modernes de la génétique, de retrouver les diasporas scandinaves dans quatre régions, trois britanniques (dans le nord de l'Angleterre) et une française, la presqu'île du Nord Cotentin.

Comment procéder pour retracer l'histoire génétique de cette petite région ? L'idée des concepteurs de ce projet a été d'utiliser l'information contenue dans l'ADN des habitants du Cotentin, pour la comparer avec celle d'autres univers et définir ainsi la proximité avec tel ou tel groupe humain. Malheureusement le matériel exploitable à partir de vestiges archéologiques est trop rare pour permettre de répondre à la question posée.

Cette carence a poussé les généticiens à développer des méthodes indirectes qui à partir d'ADN moderne, explorent les populations historiques. Ils ont développé ainsi une méthode qui vise à catégoriser les êtres humains en une série de groupes généalogiques descendants d'un ancêtre commun à un moment de la préhistoire. Ces catégories sont appelées haplogroupes. Elles sont de deux types : les haplogroupes définissant le chromosome Y (Y-ADN) hérité de père en fils (ligne

1. Les premiers résultats ont été présentés à Valognes le jeudi 21 avril 2016. Ils sont arrivés tardivement à cause des négociations juridiques qui ont été nécessaires pour satisfaire aux exigences imposées par la loi en matière de données personnelles. Une intervention à caractère dogmatique a même failli remettre en question le déroulement du projet. Heureusement, les participants et les porteurs du sujet ont tenu bon et ont ainsi contribué à une meilleure compréhension historique du peuplement du Cotentin.

patrilinéaire)[1], et ceux de l'ADN mitochondrial (ADN mt), hérité par la mère (ligne matrilinéaire).

Les haplogroupes sont définis par des mutations génétiques ou plutôt par le type de mutation qui se produisent au fil du temps et qui sont causées par des mécanismes qui peuvent être naturels, sociaux, ou simplement dus au hasard[2]. Une classification en a été établie

Graphique 1. Développement chronologique des haplogroupes
(source www.eupedia.com).

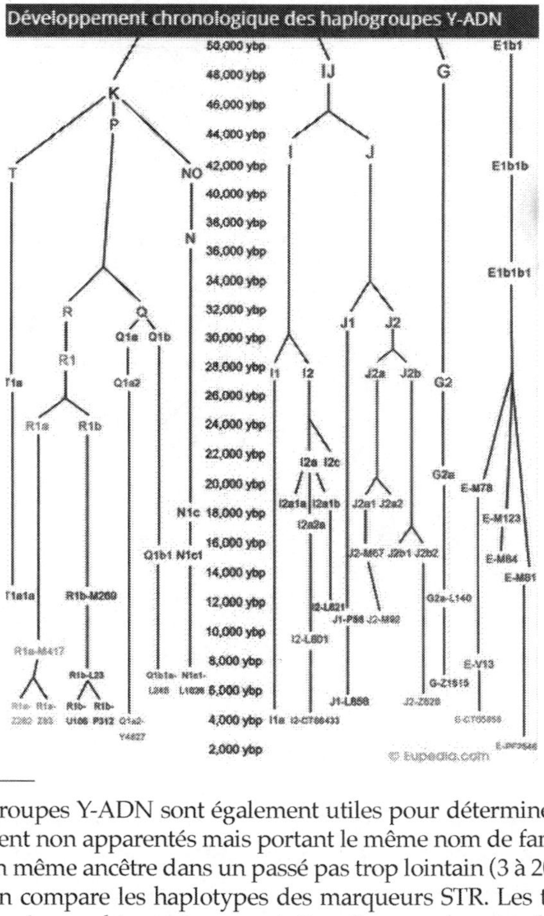

1. Les haplogroupes Y-ADN sont également utiles pour déterminer si deux individus apparemment non apparentés mais portant le même nom de famille descendent bel et bien d'un même ancêtre dans un passé pas trop lointain (3 à 20 générations). Pour le savoir, on compare les haplotypes des marqueurs STR. Les tests de SNP (single nucleotide polymorphism est une mutation d'une seule paire de base.) quant à eux permettent de retracer ses origines ancestrales beaucoup plus lointaines, et d'identifier le groupe ethnique antique auquel nos ancêtres appartenaient (par exemple celtique, germanique, slave, gréco-romain, basque, ibérien, phénicien, juif, etc.).
2. Richard Jones a raison d'insister sur l'affirmations que la génétique ne s'exprime ni sur la race, ni sur l'ethnie des personnes en question. La génétique ne reconnaît pas le système de races car 99,9 % de l'ADN est identique chez tous les êtres humains. Il n'existe qu'une seule race humaine qui ne peut pas être subdivisée racialement.

Les haplogroupes les plus diffusés en Europe sont avant tout le groupe R1. Il se subdivise en R1a et R1b. Le groupe R1b est dominant en Europe de l'Ouest, mais à mesure que l'on se déplace vers l'Est, le R1a devient plus fréquent. Ainsi la moitié de la population française appartient à l'haplogroupe R1b mais il faut rester prudent car les migrations des derniers siècles ont un peu bouleversé les données.

Carte 60 : Spatialisation de l'Haplogroupe I1

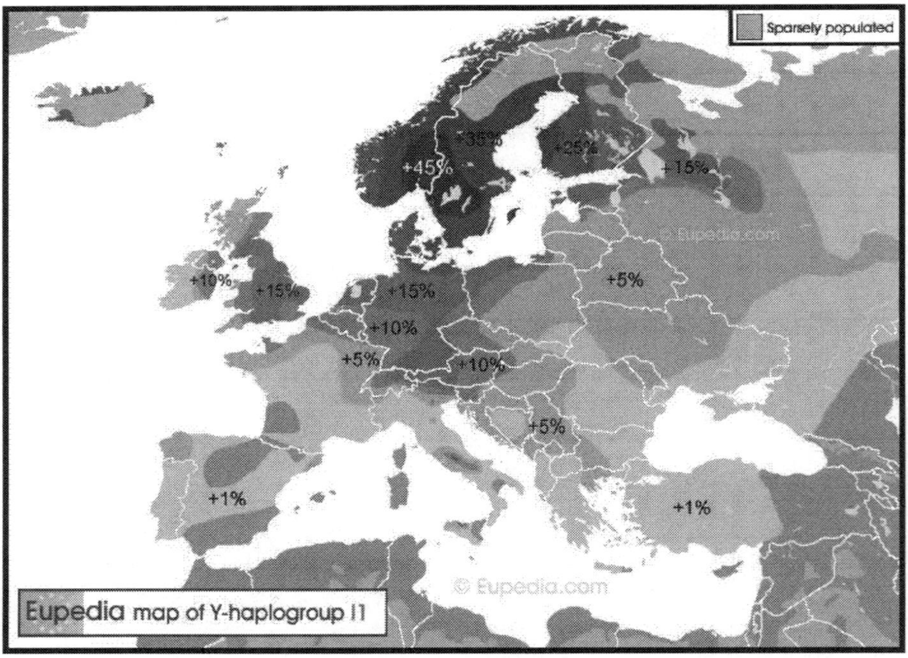

L'haplogroupe I1 est le plus fréquent dans les populations modernes de la Suède et de la Norvège et un peu moins dans la population Danoise. Il est également présent parmi les Allemands (1 % à 10 %) et les Anglais (1 % à 7 %). Beaucoup moins répandu en France, où l'on retrouve cet haplotype moins qu'une fois sur vingt, il est toutefois présent en Basse-Normandie. En ce qui concerne la Normandie, l'interprétation des résultats n'est pas un mince problème car les vagues migratoires qui l'ont traversée ont été nombreuses et souvent par des individus possédant du matériel génétique commun. Il est difficile par exemple de confirmer si l'origine d'un haplogroupe particulier provient d'une souche germanique, anglo-saxonne, ou encore danoise.

Le problème de l'échantillon

Richard Jones, responsable du projet indique dans les « résultats de l'étude d'ADN historique sur les diasporas scandinaves en Cotentin » que « les échantillons collectés l'été dernier d'hommes issus de familles solidement ancrées dans la région offrent pour la première fois l'opportunité aux scientifiques d'explorer l'histoire des peuplements de la presqu'île au cours du dernier millénaire à travers le profil ADN de sa population actuelle ».

Quatre-vingt-neuf personnes ont prêté leur concours en fournissant leur matériel génétique au travers d'un peu de salive. Il est clair que ce type d'analyse est très couteux mais ne risque-t-on pas avec un effectif aussi réduit d'obtenir des résultats à la signification peut sûre, aux intervalles de confiance considérables ?

Second point, sur quels critères les personnes ont-elles été sélectionnées ?

Richard Jones indique qu'il a retenu des « individus ayant une association familiale avec leur région. C'est la raison, derrière le critère de sélection, qui a limité les participants à ceux qui sont nés dans un rayon de moins de 50 km de la ville natale de leurs quatre grands-parents ».

Je pense que ce critère n'est pas des meilleurs car, compte tenu des migrations qui ont touché le Nord cotentin à partir de la seconde moitié du XIXe siècle, le risque d'englober des lignées fraîchement établies est important. En effet, les grands-parents de personnes vivant au début du XXIe siècle sont nés au mieux dans le dernier quart du XIXe siècle, à un moment où les mouvements migratoires sont déjà très importants.

Je pense par contre que le second critère basé sur le choix d'un patronyme d'origine scandinave est excellent. Richard Jones indique en effet que puisque « notre intérêt se concentre sur le chromosome Y, transmis de père en fils, nous avons ajouté les noms de familles comme autre dimension à notre sélection, car ils sont aussi transmis via la lignée paternelle ».

Enfin, une dernière remarque d'ordre géographique s'impose. Il aurait sans doute été plus judicieux de sélectionner des personnes dont l'origine géographique se rapprochait des côtes, car comme l'a confirmé notre travail, les marqueurs les plus nets de la présence scandinave sont à rechercher sur le bord de mer.

Les résultats obtenus sont donc à prendre avec prudence compte tenu de la faiblesse qualitative et quantitative de l'échantillon. Il s'agit là d'une première approche qui espérons-le pourra être poursuivie et amplifiée dans les prochaines années.

Les résultats obtenus

L'haplogroupe le plus représenté est R1b (52 personnes, 59 % des échantillons). Ce qui n'est pas une surprise car c'est le type de chromosome Y le plus répandu en Europe du Nord et de l'Ouest. Des bergers provenant des steppes au nord de la mer Noire auraient immigré en Europe en apportant cet haplogroupe vers 4000 avant notre ère.

Le deuxième groupe en importance est I1 (11 individus, 13 % de l'échantillon). Tout comme le R1b, il vient aussi d'une «jeune» lignée, descendant d'un homme qui vivait il y a environ 4000 ans. Richard Jones souligne que l'haplogroupe I1 est très fréquent en Scandinavie et qu'il suggère une possible ascendance Viking en Normandie. Cependant, certaines populations Germaniques ont aussi des fréquences comparables à celles observées en Normandie et les haplogroupes I1 pourraient bien avoir des origines différentes et variées[1].

Vient ensuite, l'haplogroupes I2, avec trois cas rencontrés dans l'échantillon et dont l'origine est orientée vers l'Allemagne ou la Scandinave[2]. Bien que centrée habituellement sur le Sud-Est de l'Europe, les échantillons étudiés proviendraient plus probablement du Nord de l'Allemagne, des Pays-Bas ou encore du nord de la Suède[3]..

La présence de l'haplogroupe R1b-M222 n'est pas surprenante non plus car elle est généralement considérée comme caractéristique de l'Irlande. Retrouvée chez trois participants, elle s'inscrit probablement dans une logique de migration par étapes menée par les scandinaves qui ont entrainé avec eux certains des habitants des territoires conquis, vers d'autres horizons.

Richard Jones indique ensuite qu'aujourd'hui « plus du quart d'hommes Norvégiens portent le jeune haplogroupe R1a, et sa présence à l'extérieur de la Scandinavie est souvent considérée comme preuve d'une migration Viking. Cette lignée est toutefois rare en Normandie : seulement 2 des 89 participants ». Il en déduit que « ceci pourrait être

---

1. L'examen des empreintes sous-jacentes de l'haplogroupe I1 montrent en effet une affinité avec les Germaniques, tandis que d'autres révèlent une affinité avec les Scandinaves. Ceci pourrait suggérer une contribution mixte en Normandie dans le passé qui ne serait pas surprenante compte tenu de la présence d'une colonie saxonne sur la côte Est de la presqu'île du Cotentin au Ve siècle.
2. I2 vient d'une lignée ancienne qui apparut au paléolithique il y a 14 000 ans. Cet haplogroupe est le plus fréquent dans le sud-est de l'Europe.
3. Les échantillons s'identifient plus étroitement avec la sous-clade I2a2 très diffusés en Europe du Nord. Elle est plus rare en Norvège, à l'exception du sud, où l'influence Danoise fut forte historiquement.

à l'encontre d'une contribution Norroise, constatation qui aurait une potentielle importance historique ». Là encore le problème de l'échantillonnage interdit de prendre vraiment la mesure de cette répartition.

Le troisième groupe numériquement important est représenté par l'haplogroupe E3b (5 personnes ; 6 % de l'échantillon). Cette lignée, qui serait apparue il y a environ 15 000 ans, serait centrée sur la Méditerranée. Les individus appartenant à cet haplogroupe se subdivisent en deux sous-groupes qui correspondent à des aires géographiques assez éloignées : ainsi trois peuvent être classés comme E-V13 dont l'origine est balkanique, tandis que les deux autres appartiennent à E-M81, lignée d'Afrique du Nord.

Même si ces deux haplogroupes sont rares, voire très rares en Europe de l'Ouest, leur présence dans l'échantillon n'est pas vraiment une surprise. Les contacts avec le monde méditerranéen, volontaires ou non, ont existé depuis toujours. Nous connaissons l'exemple de plusieurs familles nobles qui sont venues s'installer dans le Cotentin[1]. Nous avons également l'exemple d'une installation forcée dans le clos du Cotentin de prisonniers navarrais durant la guerre de cent ans. Cette installation est sans doute une clé explicative de la présence d'un certain nombre de patronymes spécifiques (Terragonne, Villard, Gamas) dans quelques

---

1. Je remercie mon ami Jean-Luc Thouroude qui a bien voulu me fournir les éléments qui suivent sur quelques immigrants provenant du monde méditerranéen qui se sont installés dans la Manche :
- Les membre de la famille Bazan étaient sans doute d'origine espagnole. En tout cas, Colin Ier Bazan, seigneur de Gatteville, épousa Jeannette Guiffre alias Guiffré en 1375. Elle était sous la garde noble du Roi de Navarre lorsqu'elle était mineure. Fille de Jean, seigneur de Gatteville, probable navarrais, partisan de Geoffroy d'Harcourt, vicomte de Saint-Sauveur, rebelle et ami du Roi de Navarre.
- Jacques Jallot, seigneur de Saint-Rémy-des-Landes épousa Françoise de Quintanadoine (de Quintanaduenas), originaire de Burgos.
- Guillaume Dursus (d'Ursus) était seigneur de Lestre. Il s'établit dans le Cotentin à la fin du XVe siècle. Il servit le Roi Louis XI. Il était originaire de Navarre ou de Biscaye et développa la culture du pommier dans la Manche. Il fut naturalisé en 1500.
- Les de Ypar, seigneurs d'Ollonde, dans la sergenterie de Beaumont, en 1523, étaient mentionnés comme d'hypothétiques descendants des rois d'Aragon et de Navarre.
- Les d'Espinose de Cosqueville étaient d'origine espagnole. Ils furent naturalisés en 1520 et vécurent dans la région de Bayeux, d'Isigny, puis dans le Val-de-Saire.
- Jean d'Arragon, écuyer demeurant Néhou en 1523, dont le grand-père Jean était originaire d'Amiens, devenu gentilhomme ordinaire de la maison du Roi d'Aragon, d'où son surnom.
- Michel Mancille qui demeurait à Neuville-au-Plain en 1642, et marié à Théville en 1649, était « espagnol de nation ». Des soldats espagnols étaient enfermés au château de Gratot pendant la Guerre de Trente Ans.

communes au sud de Valognes. De la même manière, la présence de l'haplogroupe G dans l'échantillon (4 individus ; 5 % de l'échantillon) qui parait inattendue pour Richard Jones, pourrait trouver son origine dans les mêmes conditions. Elle pourrait s'expliquer également par des contacts avec la Sicile où, sans être fortement présent, cet haplogroupe existe.

Citons encore deux participants qui appartiennent au groupe J1, très fréquent dans le Moyen-Orient et en Afrique du Nord, mais rare en Europe à l'exception du Sud.

Au total, les conclusions sont mitigées et encore floues. La Normandie apparaît comme une connexion Nord-Sud, une zone de communication entre deux univers. Elle est en cela très différente de la Bretagne. La présence remarquée d'I1 est-elle le signal fort d'une présence Viking, sa fréquence relevée en Normandie est du même ordre que celles observées dans d'autres populations ayant un historique Viking connu. Cette présence était-elle Danoise ou Norroise, l'imprécision des données ne permet pas de trancher. La présence de R1b-M222 donne toutefois la possibilité d'un lien Norrois, possiblement venant en deuxième diaspora via l'Irlande ce qui pourrait révéler une longue période de colonisation Scandinave directe et indirecte pendant quelques centaines d'années.

Au total, les résultats établis à partir des registres matricules, que nous avons présentés dans la première partie de ce livre s'inscrivent assez bien dans l'histoire du peuplement du Cotentin tel qu'il apparaît dans les pages précédentes. Le peuplement viking a été assurément important dans le Cotentin, et particulièrement dans la partie située au dessus d'une ligne qui part de Granville pour rejoindre Saint-Jean-de-Daye. Les différentes analyses, de la toponymie à la sérologie en passant par la linguistique, confirment nos observations établies à partir des registres matricules. La prédominance des caractères de type nordique, à savoir la couleur des yeux, des cheveux est attestée dans les zones où la présence viking est présumée.

La superposition des cartes de la répartition géographique des yeux clairs ou des cheveux blonds montre une très bonne corrélation avec les cartes construites par les linguistes ou par les anthropologues (François de Beaurepaire, René Lepelley, etc).

Il est frappant de constater qu'avant les grands bouleversements migratoires de la fin du XIXe siècle, l'empreinte de la colonisation nordique était restée presque figée depuis les premiers siècles de son implantation.

Se pose maintenant la question du pourquoi de ce maintien au cours des siècles alors que dans d'autres zones, les immigrants ont été assimilés plus rapidement et leur patrimoine génétique s'est fondu avec le reste de la population.

5- Une colonisation localisée mais durable.

Pour mesurer l'impact de l'implantation d'un groupe d'immigrants sur une population préexistante, il n'est pas suffisant de chercher à déterminer le nombre des arrivants, il faut également avoir une idée du dénominateur, c'est-à-dire de la dimension de la population autochtone destinée à accueillir ces migrants. Le débat s'est focalisé sur le premier élément de l'équation mais ne s'est jamais vraiment intéressé au second. Pourtant, contrairement au premier, il est peut-être un peu plus simple de l'approcher. Nous allons pour cela tenter de reconstruire, avec les outils de la démographie historique, une possible évolution du nombre des habitants depuis l'implantation scandinave.

a- Estimation de la population au début des invasions normandes

Les données concernant la population du Cotentin sont rares, souvent tardives et postérieures au phénomène que nous souhaitons mesurer. Lucien Musset estimait à 136 000 le nombre de feux assujettis au fouage en Normandie en 1184, ce qui correspondait à un total de 160 000 à 180 000 feux réels pour une densité moyenne de 5 à 6 feux par km^2. Mais cette mesure s'accordait mal avec une estimation faite pour l'année 1221, soit une génération plus tard, qui donnait le double de feux. Envisager un doublement de la population entre 1184 et 1221 était de l'aveu même de Lucien Musset une probable exagération[1].

Les travaux menés par Henri Dubois à partir du compte de la « débite » livrent une image très précise de la répartition de la population du diocèse de Coutances[2] paroisse par paroisse. Selon lui, la densité

1. Mathieu Arnoux et Christophe Maneuvrier « Le pays normand (IXe-XIIIe siècles). Paysages et peuplement », Actes du Colloque international de Fécamp (15 & 16 juin 2001), *Guillaume de Volpiano : Fécamp et l'histoire normande, Tabularia « Études »*, n° 3, 2003, p. 1-27
2. Henri Dubois, « La hiérarchie des paroisses dans le diocèse de Coutances au Moyen Âge » in *Villages et villageois au Moyen Âge,* Actes des congrès de la Société des historiens médiévistes de l'enseignement supérieur public, 1990, Volume 21, Numéro 1, p. 117-135.

moyenne se situait alors aux alentours de 13 feux[1]au kilomètre carré, à la fin du XIIIe siècle.

Nous allons partir de ces estimations pour proposer un scénario possible de la croissance de la population depuis la fin du IXe siècle.

Le cadre géographique que nous retenons est celui de l'implantation viking, c'est-à-dire le nord de la presqu'ile du Cotentin avec au sud une frontière oblique sur une ligne Granville-Saint-Jean-de-Daye La superficie englobée dans cet ensemble est d'environ 3000 km².

Pour établir une évaluation de la population, il faut estimer les principaux indicateurs qui participent à son renouvellement, c'est-à-dire les taux bruts de natalité et de mortalité. En période pré-transitionnelle, on peut supposer une situation de quasi équilibre, caractérisée par un fort taux de natalité et un fort taux de mortalité qui se compensent pratiquement, d'où un accroissement naturel faible, situation en somme bien connue pour les populations anciennes. L'évolution est généralement ponctuée de nombreux pics de mortalité dus aux guerres, épidémies ou famines, mais les déficits sont rapidement comblés grâce à un fort taux de natalité.

Si nous retenons l'hypothèse formulée par Henri Dubois d'une densité d'environ 13 feux au km2, nous pouvons déduire que, pour notre échantillon, la population devait être de l'ordre de 175 000 habitants[2] à la fin du XIIIe siècle. Si nous tentons maintenant une rétroprojection des estimations en appliquant des taux bruts de natalité et de mortalité classiques des périodes anciennes (un taux brut de natalité autour de 35 pour 1000 et un taux brut de mortalité légèrement inférieur), nous pouvons obtenir une estimation des habitants qui occupaient l'espace considéré en remontant d'année en année jusqu'au début de la colonisation scandinave. Nous avons introduit dans ce modèle quelques variations pour prendre en compte le poids d'éventuelles crises de mortalité ou de baisse de fécondité.

Bien sûr, nous sommes bien conscients que l'évolution retracée est trop linéaire pour qu'elle reflète la réalité mais elle a le mérite de fixer

1. La densité de feux fiscaux dans les diocèses de Rouen est de 14 feux/km², de 15 à 19 feux/km² dans le Pays de Caux et de 17 feux/km² en moyenne, dans le diocèse de Bayeux avec des pointes à plus de 25 feux/km² sur le littoral du Bessin. Par contre, dans le Bocage virois les densités kilométriques seraient souvent inférieures à 10 feux par km².
2. Selon que l'on considère qu'un feu avait comme dimension moyenne 4 à 5 personnes, la population devait osciller entre 160 000 et 195 000 personnes.

des masses, de donner une fourchette à l'intérieur desquelles devait se situer la réalité.

Nous avons fait varier légèrement les taux au cours de la période (en renforçant le taux de natalité et en abaissant le taux de mortalité) à partir de la seconde moitié du XIe siècle pour tenir compte d'une expansion signalée par les historiens médiévistes, d'une croissance sans accidents majeurs jusqu'au XIIIe siècle.

Nous obtenons le résultat suivant :

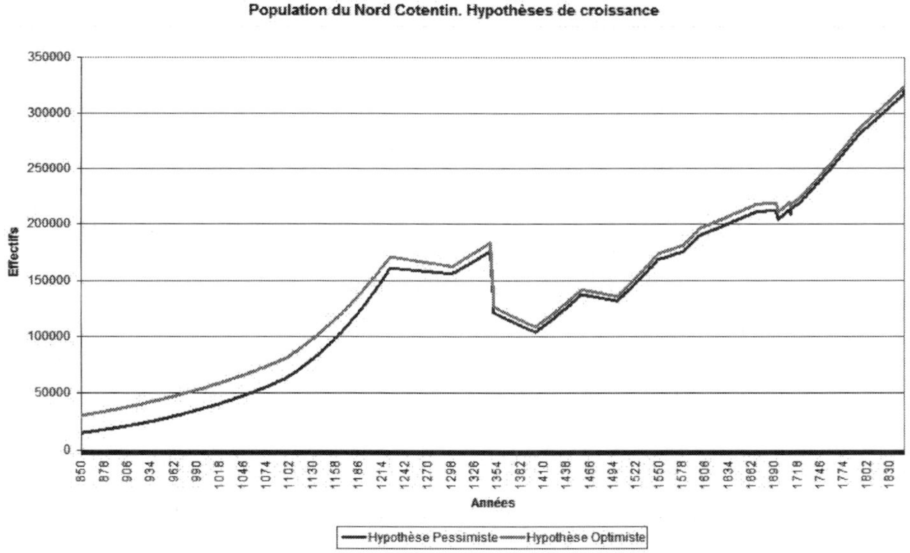

Dans une fourchette, qui peut paraître grande mais qui au fond est plutôt satisfaisante, nous pouvons estimer que la population du nord Cotentin, dans les limites définies précédemment devait être de l'ordre de 20 000 à 25 000 personnes (les estimations donnent à minima 15 000 et au maximum 32 000).

Ce résultat est essentiel car il montre une très faible densité si l'on tient compte du fait qu'une partie de la population était regroupée dans des petites villes. Dans des zones comme la Hague, où il n'y avait pas de centres agglomérés, et plus généralement sur le littoral atlantique du Cotentin, la densité de peuplement était de l'ordre de 5 personnes au km^2 lorsque pointèrent les premières voiles des navires scandinaves.

Il faut ensuite considérer dans notre rétroprojection de la population que l'apport viking a participé à la croissance démographique et en a sans doute été l'un des moteurs, surtout dans la phase de croissance évoquée précédemment, nous y reviendrons un peu plus loin. Mais, nous ne pouvons guère en dire plus car les sources manquent.

Toutefois, pour essayer de fixer les idées, nous avons construit un petit modèle statistique pour comprendre l'importance de l'empreinte génétique viking dans la population locale. Imaginons que la population d'un snekkar[1], soit une centaine d'hommes, ait débarqué tous les deux ans pendant un peu plus d'un siècle (entre 880 et l'an mil) et qu'elle se soit fondue à la population locale, dans des conditions de fécondité et de mortalité identiques entre immigrants et autochtones, nous obtiendrions qu'un tiers des habitants serait descendant direct d'immigrants tandis que deux sur trois auraient une ascendance viking (à la deuxième ou troisième génération) à la fin du XIIIe siècle.

b- De la côte vers l'intérieur des terres

L'hypothèse selon laquelle le dynamisme de la population du Cotentin reposerait en partie sur l'apport scandinave est confortée par les travaux d'Henri Dubois.

Dubois, dans l'étude des comptes de la débite, a relevé le nombre des feux qui peuplaient chacune des paroisses du diocèse de Coutances vers la fin du XIIIe siècle.

1. Le snekkar (ou snekkja) est un bateau de guerre viking. Son nom vient du vieil islandais snekjur, pluriel de snekkja, à l'origine des termes « esnèque » ou « senèque », employés au Moyen Âge. Moins connu que le drakkar, c'est l'un des plus grands types de navire construits par les Vikings du IXe au XIIe siècle. Il était aussi l'un des plus performants. Conçu pour les voyages mais aussi pour la guerre, il pouvait mesurer plus de 30 mètres de long, et avancer à la voile sous l'effet du vent, mais aussi par des avirons. Il transportait une centaine d'hommes (source Wikipedia).

Cartes 61 : Densité vers 1280

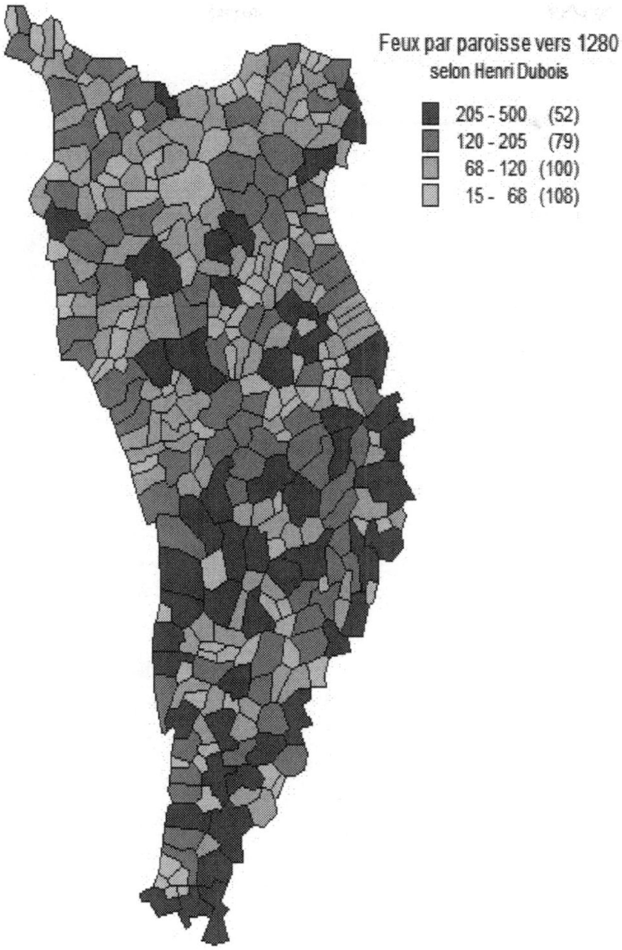

La spatialisation du peuplement n'est pas facile à lire pour l'œil mais comme le note Henri Dubois, on remarque que les paroisses côtières sont encore peuplées (elles auront tendance à se vider au cours des siècles suivants) alors que le centre est encore peu investi car les défrichements ne sont encore qu'à leurs débuts.

La conclusion de H. Dubois renforce l'hypothèse d'un peuplement venu de la mer…

« La situation du peuplement du diocèse de Coutances, telle que la restituent les chiffres de la débite, se caractérise par une densité d'ensemble élevée, la congestion des régions d'occupation antique, la concentration sur le littoral, la faible occupation de l'intérieur encore en cours de défrichement. Tout nous dit, alors, la mer amicale et nourricière : situation manifestement antérieure à l'ère des grands conflits "franco-anglais" débutant à la fin du XIIIe siècle. Au tournant des XVIIe et XVIIIe siècles, la géographie du peuplement est profondément recomposée : la mer est devenue inquiétante et hostile, la sécurité est désormais à l'intérieur où l'ablation des massifs forestiers est réalisée ou en voie de l'être, et où les densités ont considérablement augmenté, entraînant un rééquilibrage dans l'occupation du sol[1]. »

L'archéologie confirme également cette densité du peuplement côtier au haut Moyen Âge.

Cyril Marcigny et Vincent Carpentier rappellent «qu'il existe assurément dans la Hague plusieurs hameaux et villages désertés remontant au Moyen Âge classique et tardif (XIIe-XVe siècles). Certains d'entre eux se trouvent ensevelis sous les dunes et de fait, sont vraisemblablement très bien conservés. L'un de ces gisements est connu par une série de découvertes survenues dans les mielles de Biville, en limite de la Hague. Un autre habitat déserté médiéval, qui a fait l'objet d'une fouille conduite par Alain Huet (AFAN), a été mis au jour à 200 m du château de Beaumont-Hague. Il s'agit ici d'un groupement de maisons dont l'occupation remonte aux XIIe-XIVe siècles, offrant la particularité d'être directement adossé au rempart du Hague-Dike. En l'état des données, ces habitats remontent au second Moyen Âge, époque au cours de laquelle s'est fixé le modèle de peuplement dispersé qui prévaut encore aujourd'hui dans la Hague. En marge des fermes isolées, beaucoup des « villages-rues » visibles aujourd'hui dans l'ensemble du Cotentin trouvent vraisemblablement leur origine dans le cours des XIe-XIIe siècles, époque marquée par un net accroissement démographique »[2].

1. Dubois Henri. « La hiérarchie des paroisses dans le diocèse de Coutances au Moyen Âge ». In : Actes des congrès de la Société des historiens médiévistes de l'enseignement supérieur public, 21e congrès, Caen, 1990. *Villages et villageois au Moyen Âge.* p. 117-135.
2. Cyril Marcigny et Vincent Carpentier, « Archéologie, histoire et anthropologie de la presqu'île de la Hague », ADLFI. Archéologie de la France - Informations, Basse-Normandie, mis en ligne le 1er mars 2009, (http://adlfi.revues.org/3827)

Conclusion

Si nous reprenons la carte des frontières dessinées par les variations dans la concentration des caractères physiques et culturels, nous retrouvons une certaine cohérence entre ce découpage et celui des zones d'influence de l'implantation scandinave : au Nord une colonisation qui s'est imposée de par la faible occupation des lieux avec l'arrivée des immigrants. Une zone au Centre-Ouest où la pénétration est assurée mais où la mixité avec une population plus nombreuse s'est faite un peu plus au détriment des marqueurs récessifs. Une zone Centre-Est où l'influence saxonne a peut-être été importante mais pour laquelle il est difficile de discerner les apports viking et saxon.

Une zone Sud-Ouest peu concernée par l'implantation scandinave ou du moins qui aurait largement absorbé les éventuels immigrants nordiques. Et enfin une zone Sud-Est qui semble particulière. Elle est différente des autres zones du Centre et du Sud car on y constate une forte représentation, pour la couleur des yeux, du caractère bleu et bleu-vert. Mais cette particularité ne s'accompagne pas des autres caractères qui lui sont généralement liés, à savoir la couleur claire des cheveux et une taille supérieure à la moyenne. Comment expliquer cette particularité ? On pense bien sûr à une possible pénétration de l'influence saxonne, la plus proche géographiquement mais certains caractères prédominants se retrouvent plus volontiers dans la zone Nord que dans celle du Centre-Est. La vérité est sans doute un composé de ces diverses influences.

L'histoire du comté de Mortain peut nous suggérer d'autres hypothèses. Elle nous apprend que le duc de Normandie Richard II craignant des incursions par le Sud du duché installa dans le premier quart du XIe siècle un comté sur les marges de son duché. Vers le milieu du XIe siècle, Guillaume le Conquérant mit son demi-frère Robert de Mortain à la tête du comté car il avait alors besoin d'un homme de confiance pour tenir ce territoire stratégique et pour contenir les ambitions du duc de Bretagne, du comte du Maine ou encore de la seigneurie de Bellême. Ainsi, Robert pour renforcer sa position fit construire plusieurs châteaux à Mortain, à Saint-Hilaire-Du-Harcouët, au Teilleul et à Tinchebray. Ces châteaux formaient une formidable ligne de défense de la frontière sud-ouest du duché. On peut supposer que les garnisons qui occupaient cette ligne de défense furent recrutées parmi les fidèles de Robert et appartenaient probablement à la diaspora scandinave. Furent-ils suffisamment nombreux pour laisser leur empreinte génétique dans cette petite région ? Cette hypothèse n'est pas à exclure.

Lucien Musset ne croyait pas à une colonisation en masse de la Normandie par les envahisseurs nordiques, et tous s'accordent aujourd'hui pour affirmer qu'il avait assurément raison, mais il nuançait aussitôt son propos en disant que « nulle part la colonisation nordique n'a été un phénomène de masse. Certes, il n'est pas exclu, vu la densité de micro toponymes nordiques qu'à un moment donné la population de petits territoires, comme la Hague ait été en majorité formée d'immigrés. Mais ce ne fut qu'une situation exceptionnelle »[1].

Nous touchons là la clé de l'explication, l'importance du dénominateur qui a été déterminante dans cette histoire.

Les scandinaves se sont installés dans un territoire très faiblement peuplé, principalement sur les côtes. La conjoncture étant favorable, cette population côtière a pu se développer, les travaux de Dubois le confirment, et leur empreinte génétique a prévalu sur celle des autochtones qui habitaient sur les rives de la Manche. Par contre, lorsqu'ils se sont installés dans des zones plus densément peuplées, leurs caractères qui, rappelons le sont le plus souvent récessifs, ont été noyés au profit de caractères dominants des populations antérieures. Ce n'est pas un hasard si près des villes comme Coutances, Saint-Lô ou Valognes les valeurs des caractères récessifs (yeux clairs, cheveux blonds) sont les plus basses. L'essor considérable de la population à partir du XIe siècle va permettre de dégager des surplus qui vont petit à petit gagner l'intérieur des terres, participant aux grands défrichements et à la création de nouvelles communautés d'habitants.

Après les grands bouleversements provoqués par l'installation des scandinaves, le Cotentin n'a plus connu de grandes turbulences, en dehors peut être de celles de la guerre de Cent Ans, mais en tous cas pas sur le plan de la génétique des populations. On peut supposer, en effet, que l'occupation anglaise du début du XVe siècle n'a pas apporté

1. Lucien Musset, « Naissance de la Normandie ». in Michel de Bouärd (dir.), Histoire de la Normandie, Privat, Toulouse, 1970, p. 103.

de gros changements car les envahisseurs anglais avaient un profil génétique assez proche des habitants du Cotentin. En cela l'installation des prisonniers navarrais dans le clos du Cotentin a peut être induit plus de modifications que l'occupation anglaise.

Mais le maintient du patrimoine génétique au cours des siècles résulte également de la conjonction de différents facteurs. La position géographique de la presqu'île, nous l'avons déjà indiqué, est sans doute un critère important. Durant une bonne partie de l'année, la période hivernale, la traversée des marais de Carentan était particulièrement difficile, et même dangereuse.

Autre facteur explicatif déjà évoqué, la pauvreté du sol qui rendait peu attractive cette région car elle ne permettait pas d'espérer des rendements agricoles importants. Le temps de l'herbe grasse pour l'élevage n'est arrivé que tardivement contrairement à ce que l'on pourrait penser en voyant le paysage actuel de la région. Le Plain fut le premier à mettre en herbe dès la fin du XVIIe siècle mais il faudra attendre le XIXe siècle pour que le mouvement des conversions de labours en herbages se généralise dans le Cotentin.

Troisième facteur, la démographie. Le cotentin a maintenu jusqu'à la fin du XIXe siècle une forte fécondité. Il n'a connu les « funestes secrets » que très tardivement. Il est donc devenu au fil du temps un espace de départ, un pays exportateur d'hommes, comme nous avons pu le constater dans les registres matricules avec cinq fois plus de départs que d'arrivées parmi les hommes nés entre 1844 et 1849.

Dans cette perspective, les apports extérieurs ont été limités et n'ont guère modifié profondément un patrimoine génétique mis en place au haut Moyen Âge et transmis jusqu'au XIXe siècle au travers d'une quarantaine de générations humaines.

Bibliographie

Mathieu Arnoux et Christophe Maneuvrier « Le pays normand (IXe-XIIIe siècles). Paysages et peuplement », Actes du Colloque international de Fécamp (15 & 16 juin 2001), *Guillaume de Volpiano : Fécamp et l'histoire normande, Tabularia « Études »*, n° 3, 2003, p. 1-27.

François de Beaurepaire, La diffusion de la toponymie scandinave dans la Normandie ducale, *Tabularia, « Études »*, n° 2, 2002, p. 47-56.

Jean-Pierre Bocquet, Barrières à la diffusion spatiale de l'information en France vers 1900. In : *Population*, 49e année, n°4-5, 1994, p. 1138-1145.

J.-Ch.-M. Boudin, *Études ethnologiques sur la taille et le poids de l'homme chez divers peuples ; et sur l'accroissement de la taille et de l'aptitude militaire en France*, Paris, Librairie de la médecine, de la chirurgie et de la pharmacie militaires Victor Rozier éditeur, 11 Rue de Childebert, près la place Saint-Germain-des-Prés, 1863, 126 pages.

Pierre Brunet, *Essai sur l'histoire des paysages de la Basse-Normandie - Inventaire régional des paysages en Basse-Normandie*, 1re partie, Édition du Conseil régional de Basse-Normandie-Direction régionale de l'Environnement, 2004, p. 11-52.

Francis Choisel « Vous voulez faire de la France une vaste caserne », *Revue Armées d'aujourd'hui*, n° 31, juin 1978.

René Collignon, « Anthropologie » in *Cherbourg et le Cotentin*, Congrès de l'association française pour l'avancement des sciences, Cherbourg, Le Maout, 1905, p. 27-46.

Henri Dubois, « La hiérarchie des paroisses dans le diocèse de Coutances au Moyen Âge » in *Villages et villageois au Moyen-Âge*, Actes des congrès de la Société des historiens médiévistes de l'enseignement supérieur public, 1990, Volume 21, Numéro 1, p. 117-135.

Gillian Fellows Jones, « Les noms de lieux d'origine scandinave et la colonisation viking en Normandie. Examen critique de la question », *Proxima Thulé*, vol. 1, 1994, p. 63-103.

Dominique Fournier, « Matronymes normands », in *Histoire et Traditions Populaires* n° 89 (mars 2005), p. 53-62.

Peter Frost, « European hair and eye color - A case of frequency-dependent sexual selection? » Evolution and Human Behavior 27, 2006, p. 85-103.

Louis Guinet, *Contribution à l'étude des établissements saxons en Normandie*, Presses universitaires de Caen, 2013, 119 pages.

Laurent Heyberger, « Stature et niveau de vie biologique des conscrits du Limousin (1782-1940). Un indice de développement socio-économique » Association d'histoire des sociétés rurales (A.H.S.R.), *Histoire & Sociétés Rurales*, 2005/2 vol. 24, p. 83-104.

Jacques Houdaille, Peter-Andreas Gloor. « La couleur des yeux à l'époque du 1er Empire. Quelques commentaires sur l'évolution de ce caractère durant 238 ans », *Annales. Économies, Sociétés, Civilisations.* 31e année, n. 4, 1976, p. 677-699.

Jacques Houdaille, « La taille des Parisiens en 1793 », *Population*, 38e année, n° 1, 1983, p. 173-177.

Charles Joret, *Des caractères et de l'expansion des patois normand ; étude de phonétique et d'ethnographie, suivie d'une carte*, Paris, F. Vieweg, 1883, 211 p.

David M. Kingsley, Catherine A Guenther, Bosiljka Tasic, Liqun Luo, Mary A Bedell, « A molecular basis for classic blond hair color in Europeans », *Nature Genetics*, n° 46, 2014, p. 748-752 [doi:10.1038/ng.2991].

John Komlos, « Histoire anthropométrique de la France de l'Ancien Régime », *Histoire, économie et société*, 2003, 22e année, n° 4. Enfant malade, enfant souffrant, p. 519-536.

Kopec (A. C). «Blood groups in Great Britain». *The Advancement of Science*, t. 13, n° 51, 1956, p. 200-203.

Fernand Lechanteur « Matronymes en Basse-Normandie », in *Actes du 3e Congrès International de Toponymie et d'Anthroponymie III*, Louvain, 1951, p. 756-763

Fernand Lechanteur, « Les noms de famille féminins », in *La Normandie traditionnelle II*, OCEP, Coutances, 1985, p. 155.

René Lepelley. « Traces des Vikings dans la toponymie actuelle de la Normandie », *Annales de Normandie*, 52e année, n° 3, 2002, p. 195-223.

Cyril Marcigny et Vincent Carpentier, « Archéologie, histoire et anthropologie de la presqu'île de la Hague », ADLFI. Archéologie de la France - Informations, Basse-Normandie, mis en ligne le 1er mars 2009 (http://adlfi.revues.org/3827).

Lucien Musset, « Naissance de la Normandie », in Michel de Bouärd (dir.), *Histoire de la Normandie*, Privat, Toulouse, 1970, p. 75-129.

Préfecture de la Vendée, *Recueil des actes administratifs*, 2e division, bureau militaire, recrutement, 1911, La Roche-sur-Yon, p. 481-489.

Jean-Ange Quellien, *Le Cotentin. Histoire des populations* (Coll. Pays de l'Ouest et d'ailleurs), Éditions Monfort, Saint-Pierre-de-Salerne, 1983, 200 pages.

Jean Renaud, *Les Vikings et la Normandie*, Rennes, Ouest-France, 1989, 223 p.

Elisabeth Ridel, *Les Vikings et les mots : l'apport de l'ancien scandinave à la langue française*, Paris, Errance, 2009, 351 p.

Jean Sutter, René Izac, Ngoc Toan Tran, « L'évolution de la taille des polytechniciens (1801-1954) », *Population*, 13e année, n° 3, 1958, p. 373-406.

Henri-V. Vallois, Paulette Marquer, « La répartition en France des groupes sanguins ABO », *Bulletins et Mémoires de la Société d'anthropologie de Paris*, XIe Série, t. 6, fascicule 1, 1964, p. 1-200.

Louis René Villermé, « Sur la taille de l'homme en France », *Annales d'hygiène publique et de médecine légale*, t. 1, 1829, p. 354-397.

Made in the USA
Monee, IL
05 November 2026

68018744R00066